宗白华

宗白华美学二十讲

宗白华 著

刘悦笛 主编

古吴轩出版社

图书在版编目（CIP）数据

宗白华美学二十讲 / 宗白华著；刘悦笛主编. -- 苏州：古吴轩出版社，2021.8
ISBN 978-7-5546-1718-2

Ⅰ. ①宗… Ⅱ. ①宗… ②刘… Ⅲ. ①宗白华（1897-1986）－美学思想－研究 Ⅳ. ①B83-092

中国版本图书馆CIP数据核字(2021)第011318号

责任编辑：李爱华
见习编辑：沈欣怡
策　　划：朱　敬
装帧设计：安　宁

书　　名	宗白华美学二十讲
著　　者	宗白华
主　　编	刘悦笛
出版发行	古吴轩出版社
	地址：苏州市八达街118号苏州新闻大厦30F　邮编：215123
	电话：0512-65233679　传真：0512-65220750
出 版 人	尹剑峰
印　　刷	天津图文方嘉印刷有限公司
开　　本	880×1230　1/32
印　　张	10.5
字　　数	186千字
版　　次	2021年8月第1版　第1次印刷
书　　号	978-7-5546-1718-2
定　　价	68.00元

如有印装质量问题，请与印刷厂联系。010-84483866

目录

第一编 中国艺术

中国艺术的写实精神
——为第三次全国美展写 ·002
论文艺的空灵与充实 ·007
中国艺术表现里的虚与实 ·018
中国艺术意境之诞生（增订稿） ·025
艺术与中国社会 ·053

第二编 中国绘画

中国古代的绘画美学思想 ·060
论中西画法的渊源和基础 ·075
中西画法所表现的空间意识 ·100
中国诗画中所表现的空间意识 ·113
古代画论大意 ·146

第三编　中国书法、音乐、建筑

中国书法里的美学思想　　　　　　·166
中国古代的音乐美学思想　　　　　·176
中国古代音乐寓言与音乐思想　　　·184
中国园林建筑艺术所表现的美学思想·209

第四编　美学散步

美从何处寻　　　　　　　　　　　·220
论《世说新语》和晋人的美　　　　·232
中国文化的美丽精神往那里去？　　·259
中国艺术三境界［附美学（节选）］·265
先秦工艺美术和古代哲学、文学中
　　所表现的美学思想　　　　　　·291
美学的散步　　　　　　　　　　　·313

序言 走向中国人『美的生活』

中国人的美学，不是"小美学"，而是"大美学"！

西方人研究的美学，皆为"小美学"。被广义汉语学界定译成"美学"的 Aesthetica 的词源，原本就是感性之意。美学，它的原意就是"感性学"，最初还被当作"感性认识"，因为理性认识之外的人类这么广阔的感性领域，需要一门叫作感性学的新学科来加以研究。这门学科只有不到三百年的历史，但人类审美的历史无疑是源远流长的，要比哲学久远得多。

我却认为，美学不只是"感性学"，更是"觉悟学"。中国语境下的"美学"的本土意蕴就在于它不仅是西学意义上的"感学"，更是本土意义上的"觉学"。在中国，美学这门哲学学科将"感学"之维度拓展开来，从而将之上升到"觉学"之境，而这"感"与"觉"两面恰好构成不即不离之微妙关联。当今德国美学家也意识到，美学作为 Aesthetica 亦即"感性认识论"的缺憾，所以近期提出美学乃 Aisthetik 亦即"一般知觉学"的新构想，以突破传统西方美学的本身的限制，从而将美学与更广阔的日常生活接通起来。

当美学学科与最为广阔的我们的"生活世界"联通起来时，这种美学就是一种"大美学"。任何包括哲学在内的学问与生活比较起来，都不能成其为"大"，更不能称其为"大"。

21世纪以来,美学在中西方的最新进展,亦有着异曲同工之妙,美学回到生活世界,如今已经成了全球美学的共识,这就是"生活美学"的兴起。所以说,"大美学"之"大",即在"生活"之"大"矣!

中国美学学派的建构,行走在"有人美学"之康庄大道上,这是由于中国美学与现实人生始终是血脉相连的,这就不同于西方人仅仅把美学当作哲学门类的"高头讲章"。于是,中国美学学派的建构不仅是可能的,而且会大有可为——它继承了两千年来中国古典美学"人能弘道"的儒家主流传统,20世纪中叶以来的实践美学"实践成人"的现代传统,新世纪开始以返本开新形式出场的"人归生活"的当代传统,由此正在形成"中国美学学派"得以延承的历史积淀,从而面向未来积极拓展,最终立足于全球美学之林。

新世纪以降,随着全球化的发展,中国与西方所面临的社会问题愈加趋同,尽管当今西方某些国家主导着逆"全球化"的另一种潮流,但是随着科技发展、生态破坏、市场蔓延和欲望激增,人类共同面临的社会问题与心理问题变得尤为凸显,而美学恰恰可以为解决此类消极问题,提供一条生存之道。如此看来,中国的美学乃是能提供人生意义支撑的智慧。实为一种"大美学",而非仅面对审美和艺术现象的"小美学"。走这条"大美学"之路,才能突破美学所形成的既定中西双方的狭隘传统,使得美学真正向人类广阔的生活世界开放。

2018年的秋季,笔者与当代中国著名哲学家和美学家李泽厚先生在讨论"大美学"的英文译法,究竟用哪个更为合适。一般而言,"大美学"英文可以译为 Grand Aesthetics 或者 Great Aesthetics,但是李泽厚认为,用 Grand 更有辉煌灿烂之意,而 Great 的用法则更为朴实简素，缺乏一点儿"哲学化"的意蕴。我有个新的启发性建议：大美学不妨译作 Da-Aesthetica，也就是取海德格尔《存在与时间》核心概念 Dasein 的前缀 Da，这个前缀本就是"在此""在这"的意思。

海德格尔之 Dasein 的核心概念，我做这样的翻译主要的理由有两个：其一，从意译上来说，Dasein 有着"在此""缘在""亲在"等译法，美学由此与存在直接勾连起来；其二，就音译上而言，Da 就是中文"大"的音译，德文与中文的发音居然一致，就像也有译者把 Dasein 翻译成"达在"一样，这样音译与意译合一，岂不妙哉！

总而言之，我以为 Da-Aesthetica 的译法的确把音与意的翻译较完美地结合起来，起源于中国意蕴的"大美学"，乃是超出狭义"感性学"意义上的"实践—生活美学"。因此，大美学＝Da-Aesthetica。

我们这套丛书就是一套"生活大美学"丛书。这套丛书里所选诸大家的各种大美之论，都是与你、我、他的生活息息相关的，愿他们的"大美学"真正影响到我们的生活。在这个意义上，"大美学"才是具有"大用"的，而这种用就是"无用之大用"。

让我们一起，经由"大美学"，走向中国人的"美生活"吧！

刘悦笛

（"生活美学"倡导者，中国社会科学院哲学所研究员，国际美学协会总执委，博士生导师。）

2021 年 5 月 20 日晨于斯文至乐堂

第一编 中国艺术

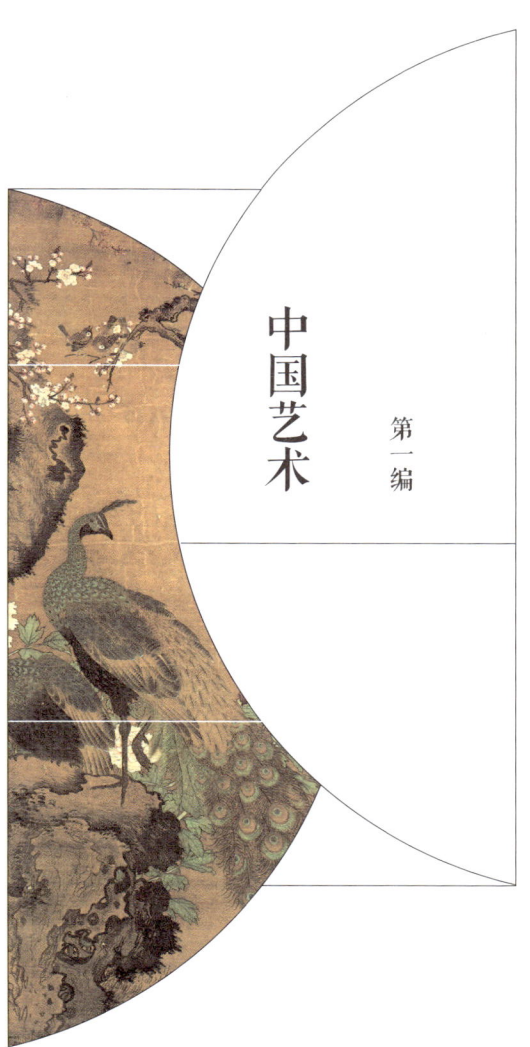

在中国文化里，
从最低层的物质器皿，
穿过礼乐生活，直达天地境界，
是一片混然无间、
灵肉不二的大和谐、大节奏。

中国艺术的写实精神

——为第三次全国美展写

一切艺术的境界,可以说不外是写实、传神、造境:从自然的抚摹,生命的传达,到意境的创造。艺术的根基在于对万物的酷爱,不但爱它们的形象,且从它们的形象中爱它们的灵魂。灵魂就寓在线条,寓在色调,寓在体积之中。《诗经》里有句云:"桑之未落,其叶沃若。""喓喓草虫,趯趯阜螽。"《楚辞》有句云:"秋兰兮青青,绿叶兮紫茎。"古代诗人,窥目造化,体味深刻,传神写照,万象皆春。王船山先生论诗云:"君子之心,有与天地同情者,有与禽鱼草木同情者,有与女子小人同情者,有与道同情者——悉得其情,而皆有以裁用之,大以体天地之化,微以备禽鱼草木之几。"这是中国艺术中写实精神的真谛。中国的写实不是暴露人间的丑恶,抒写心灵的黑暗,乃是"张目人间,逍遥物外,含毫独运,迥发天倪"(恽南田语)。动天地泣鬼神,参造化之权,研象外之趣,这是中国艺术家最后的目的。所以写实、传神、造境,在中国艺术上是一线贯串的,不必分析出什么写实主义、形式

南宋　颜庚《钟馗嫁妹图》(局部)

主义、理想主义来。近代人震惊于西洋绘画的写实能力，误以为中国艺术缺乏写实兴趣，这是大错特错的。我们现在据史籍所载关于中国艺术（主要的是绘画）的写实供参考。

《韩非子》上记载着："客有为齐王画者，齐王问曰：'画孰最难者？'答曰：'犬马最难。''孰最易者？''鬼魅易。'"从韩非子这话里，可以想见先秦的绘画，认为写实是难能可贵的。

庄子也说过："叶公子高之好龙，雕文画之。天龙闻而下之，窥头于牖，施尾于堂。叶公见之，五色无主。是叶公非好龙也，好其似龙非龙也。"

庄子讥笑艺术家不敢大胆地面对现实，就像歌德的浮士德，召请了地神出现后，吓得惊慌失措，不敢正视它一样。

古代艺术家观察实在的精到，见下面两段故事。六朝时宋太子铸丈六金像于瓦棺寺，像成而恨面瘦，工人不能理，乃迎戴颙曰："非面瘦，乃臂肥！"既错，减臂胛，像乃相称。五代时，前蜀后主衍得吴道子画钟馗，右手第二指抉鬼睛，令黄筌改用拇指抉，筌乃别绢素以进之，后主怪其不如旨，筌对曰："道玄之所画者，眼色意思俱在第二指，不可改。今臣画，虽不逮吴，然眼色意思在拇指，不可移！"由这两则故事，可见画家对于生理解剖的体认甚深，且能着重整体底机构和生命。

大画家宋徽宗做错了皇帝，然而他的艺术家的目力和注意力是惊人的。我们看他下面两段故事：徽宗时，龙德宫成，命待诏图画宫中屏壁，皆极一时之选。上来幸，一无所观，独顾阁中殿前柱廊拱眼，斜枝月季花，问画者为谁，实一少年新进。上喜，赐宠，皆莫测其故，上曰："月季鲜有能画者，盖四时朝暮，花芯叶皆不同，此作春时日中者，无毫发差，故厚赏之。"宣和殿前植荔枝，既结实，喜动天颜。偶孔雀在其下，亟召画院众史，令图之。各极其思，华彩灿然。但孔雀欲升藤墩，先举右脚。上曰："未也。"众史愕然莫测。后二日再呼问之，不知所对，则降旨曰："孔雀升高，必先举左！"众史骇服。

论史家一定要说，宋徽宗留心到这些细事，无怪他不能专心朝政，让小人擅权。但作为艺术家来说，他是发挥了艺术中的写实精神，虚心观察自然，使宋代花鸟画成为世界艺坛的空前杰创，永远称成中国绘画的世界荣誉。

明　吕纪《杏花孔雀图》

因为古代绘画这样倾向写实，所以在一般民众脑中好画家的手腕下，不仅描摹了、表现了"生命"，简直是创造了写实生命。所以有种种神话，相信画龙则能破壁飞去，兴云作雨（张僧繇），画马则能供鬼使当坐骑（韩幹），画鱼则能跃入水中游泳而逝（李思训），画鹰则吓走殿上鸟雀便不敢再来（张僧繇），以针刺像可使邻女心痛（顾恺之）。由这些传说神话可以想象，古人认为艺术家的最高任务在能再造真实，创新生命。艺术家是个造物主。他们的作品就像自然一样的真实。

本来希腊和中国的古代，都是极注意写实的，我们再引列两段故事，以结束这篇小文。希腊大画家曹格西斯（Zeuxis）画架上葡萄，有飞雀见而啄之。画家巴哈宙斯（Panhazus）走来画一帷幕掩其上。曹格西斯回家误以为是真帷幕，欲引而张之。他能骗飞雀，却又被人骗了。

吴大帝孙权尝使曹不兴画屏风，误落墨点素，因就以作蝇。既进，权以画生蝇，举手弹之。但写实终只是绘画艺术的出发点，以写实到传达生命及人格之神味，从传神到创造意境，以窥探宇宙人生之秘，是艺术家最后最高的使命，当另为文详之。

论文艺的空灵与充实

周济（止庵）《宋四家词选》里论作词云："初学词求空，空则灵气往来！既成格调，求实，实则精力弥满。"

孟子曰："充实之谓美。"

从这两段话里可以建立一个文艺理论，试一述之。先看文艺是什么？画下面一个图来说明：

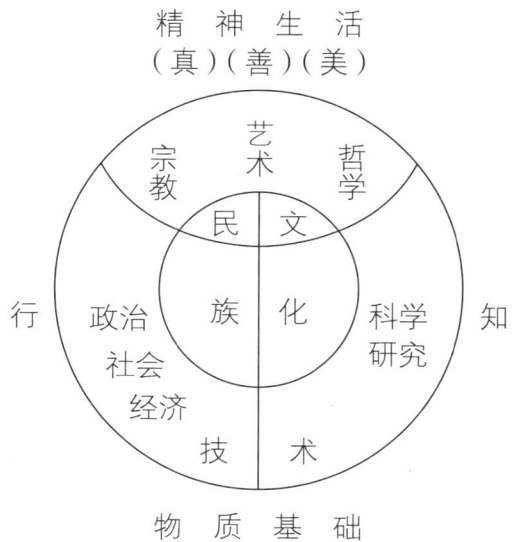

一切生活部门都有技术方面，想脱离苦海求出世间法的宗教家，当他修行证果的时候，也要有程序、步骤、技术，何况物质生活方面的事件？技术直接处理和活动的范围是物质界。它的成绩是物质文明，经济建筑在生产技术的上面，社会和政治又建筑在经济上面。然经济生产有待于社会的合作和组织，社会的推动和指导有待于政治力量。政治支配着社会，调整着经济，能主动，不必尽为被动的。这因果作用是相互的。政与教又是并肩而行，领导着全体的物质生活和精神生活。古代政教合一，政治的领袖往往同时是大教主、大祭师。现代政治必须有主义做基础，主义是现代人的宇宙观和信仰。然而信仰已经是精神方面的事，从物质界、事务界伸进精神界了。

　　人之异于禽兽者有理性、有智慧，他是知行并重的动物。知识研究的系统化，成科学。综合科学知识和人生智慧建立宇宙观、人生观，就是哲学。

　　哲学求真，道德或宗教求善，介乎二者之间表达我们情绪中的深境和实现人格的谐和的是"美"。

　　文学艺术是实现"美"的。文艺从它左邻"宗教"获得深厚热情的灌溉，文学艺术和宗教携手了数千年，世界最伟大的建筑雕塑和音乐多是宗教的。第一流的文学作品也基于伟大的宗教热情。《神曲》代表着中古的基督教。《浮士德》代表着近代人生的信仰。

　　文艺从它的右邻"哲学"获得深隽的人生智慧、宇宙观念，使它能执行"人生批评"和"人生启示"的任务。

艺术是一种技术，古代艺术家本就是技术家（手工艺的大匠）。现代及将来的艺术也应该特重技术。然而他们的技术不只是服役于人生（像工艺）而是表现着人生，流露着情感个性和人格的。

生命的境界广大，包括着经济、政治、社会、宗教、科学、哲学。这一切都能反映在文艺里。然而文艺不只是一面镜子，映现着世界，且是一个独立的自足的形象创造。它凭着韵律、节奏、形式的和谐、彩色的配合，成立一个自己的有情有象的小宇宙；这宇宙是圆满的、自足的，而内部一切都是必然性的，因此是美的。

文艺站在道德和哲学旁边能并立而无愧。它的根基却深深地植根在时代的技术阶段和社会政治的意识上面，它要有土腥气，要有时代的血肉，纵然它的头绪伸进精神的光明的高超的天空，指示着生命的真谛、宇宙的奥境。

文艺境界的广大，和人生同其广大；它的深邃，和人生同其深邃。这是多么丰富、充实！孟子曰："充实之谓美。"这话当作如是观。

然而它又需超凡入圣，独立于万象之表，凭它独创的形象，范铸一个世界，冰清玉洁，脱尽尘滓，这又是何等的空灵？

空灵和充实是艺术精神的两元，先谈空灵！

一、空灵

艺术心灵的诞生，在人生忘我的一刹那，即美学上所谓"静照"。静照的起点在于空诸一切，心无挂碍，和世务暂时绝缘。这时一点觉心，静观万象，万象如在镜中，光明莹洁，而各得其所，呈现着它们各自的充实的、内在的、自由的生命，所谓"万物静观皆自得"。这自得的、自由的各个生命在静默里吐露光辉。

苏东坡诗云：

静故了群动，空故纳万境。

王羲之云：

在山阴道上行，如在镜中游。

空明的觉心，容纳着万境，万境浸入人的生命，染上了人的心灵。所以周济说："初学词求空，空则灵气往来。"灵气往来是物象呈现着灵魂生命的时候，是美感诞生的时候。

所以美感的养成在于能空，对物象造成距离，使自己不沾不滞，物象得以孤立绝缘，自成境界：舞台的帘幕，图画的框廓，雕像的石座，建筑的台阶、栏干，诗的节奏、韵脚，从窗户看山水、黑夜笼罩下的灯火街市、明月下的幽淡小景，都是在距离化、间隔化条件下诞生的美景。

李方叔词《虞美人·过拍》云："好风如扇雨如帘，时见岸花汀草涨痕添。"

李商隐词："画檐簪柳碧如城，一帘风雨里，过清明。"

风风雨雨也是造成间隔化的好条件，一片烟水迷离的景象是诗境，是画意。

中国画堂的帘幕是造成深静的词境的重要因素，所以词中常爱提到。韩持国词云：

燕子渐归春悄，帘幕垂清晓。

况周颐评之曰："境至静矣，而此中有人，如隔蓬山，思之思之，遂由静而见深。"

董其昌曾说："摊烛下作画，正如隔帘看月，隔水看花！"他们懂得"隔"字在美感上的重要。

然而这还是依靠外界物质条件造成的"隔"。更重要的还是心灵内部方面的"空"。司空图《诗品》里形容艺术的心灵当如"空潭泻春，古镜照神"，形容艺术人格为"落花无言，人淡如菊"，"神出古异，淡不可收"。艺术的造诣当"遇之匪深，即之愈稀"，"遇之自天，泠然希音"。

精神的淡泊，是艺术空灵化的基本条件。欧阳修说得最好:"萧条淡泊,此难画之意,画家得之,览者未必识他。故飞动迟速,意浅之物易见,而闲和严静,趣远之心难形。"萧条淡泊,闲和严静,是艺术人格的心襟气象。这心襟、这气象能令人"事外有远致",艺术上的神韵油然而生。陶渊明所爱的"素心人",指的是这境界。他的一首《饮酒》诗更能表出诗人这方面的精神形态:

结庐在人境,而无车马喧。
问君何能尔,心远地自偏。
采菊东篱下,悠然见南山。
山气日夕佳,飞鸟相与还。
此中有真意,欲辨已忘言。

陶渊明爱酒,晋人王蕴说:"酒正使人人自远。""自远"是心灵内部的距离化。

然而"心远地自偏"的陶渊明才能"悠然见南山",并且体会到"此中有真意,欲辨已忘言"。可见艺术境界中的"空"并不是真正的空,乃是由此获得"充实",由"心远"接近到"真意"。

晋人王荟说得好:"酒正引人著胜地"。这使人人自远的酒正能引人著胜地。这胜地是什么?不正是人生的广大、深邃和充实?于是谈"充实"!

清　石涛《陶渊明诗意图册》之《悠然见南山》

二、充实

尼采说艺术世界的构成由于两种精神：一是"梦"，梦的境界是无数的形象（如雕刻）；一是"醉"，醉的境界是无比的豪情（如音乐）。这豪情使我们体验到生命里最深的矛盾、广大的复杂的纠纷。"悲剧"是这壮阔而深邃的生活的具体表现。所以西洋文艺顶推重悲剧。悲剧是生命充实的艺术。西洋文艺爱气象宏大、内容丰满的作品。荷马、但丁、莎士比亚、塞万提斯、歌德，直到近代的雨果、巴尔扎克、斯丹达尔、托尔斯泰等，莫不启示一个悲壮而丰实的宇宙。

歌德的生活经历着人生各种境界，充实无比。杜甫的诗歌最为沉着深厚而有力，也是由于生活经验的充实和情感的丰富。

周济论词空灵以后主张："求实，实则精力弥满。精力弥满则能赋情独深，冥发妄中，虽铺叙平淡，摹绘浅近，而万感横集，五中无主，读其篇者，临渊窥鱼，意为鲂鲤，中宵惊电，罔识东西，赤子随母啼笑，乡人缘剧喜怒。"这话真能形容一个内容充实的创作给我们的感动。

司空图形容这壮硕的艺术精神说："天风浪浪，海山苍苍。真力弥满，万象在旁。""返虚入浑，积健为雄。""生气远出，不著死灰。妙造自然，伊谁与裁。""是有真宰，与之浮沉。""吞吐大荒，由道反气。""与道适往，著手成春。""行神如空，行气如虹！"艺术家精力充实，气象万千，艺术的创造追随真宰的创造。

> 黄子久（元代大画家）终日只在荒山乱石、丛木深篠中坐，意态忽忽，人不测其为何。又每往泖中通海处看急流轰浪，虽风雨骤至，水怪悲诧而不顾。

他这样沉酣于自然中的生活，所以他的画能"沉郁变化，与造化争神奇"。六朝时宗炳曾论作画云"万趣融其神思"，不是画家丰富心灵的写照吗？

中国山水画趋向简淡，然而简淡中包具无穷境界。倪云林画一树一石，千岩万壑不能过之。恽南田论元人画境中所含丰富幽深的生命，说得最好：

> 元人幽秀之笔，如燕舞飞花，揣摹不得；如美人横波微盼，光采四射，观者神惊意丧，不知其何以然也。元人幽亭秀木自在化工之外一种灵气。惟其品若天际冥鸿，故出笔便如哀弦急管，声情并集，非大地欢乐场中可得而拟议者也。

哀弦急管，声情并集，这是何等繁富热闹的音乐，不料能在元人一树一石、一山一水中体会出来，真是不可思议。元人造诣之高和南田体会之深，都显出中国艺术境界的最高成

清 恽寿平 《仿倪瓒古木丛篁图》

就！然而元人幽淡的境界背后，仍潜隐着一种宇宙豪情。南田说："群必求同，求同必相叫，相叫必于荒天古木，此画中所谓意也。"

相叫必于荒天古木，这是何等沉痛超迈深邃热烈的人生情调与宇宙情调？这是中国艺术心灵里最幽深、悲壮的表现了罢？

叶燮在《原诗》里说："可言之理，人人能言之，安在诗人之言之；可征之事，人人能述之，又安在诗人之述之，必有不可言之理，不可述之事，遇之于默会意象之表，而理与事无不灿然于前者也。"

这是艺术心灵所能达到的最高境界！由能空、能舍，而后能深、能实，然后宇宙生命中一切理一切事，无不把它的最深意义灿然呈露于前。"真力弥满"，则"万象在旁"，"群籁虽参差，适我无非新"（王羲之诗）。

总上所述，可见中国文艺在空灵与充实两方都曾尽力，达到极高的成就。所以中国诗人尤爱把森然万象映射在太空的背景上，境界丰实空灵，像一座灿烂的星天！

王维诗云："徒然万象多，澹尔太虚缅。"

韦应物诗云："万物自生听，大空恒寂寥。"

中国艺术表现里的虚与实

先秦哲学家荀子是中国第一个写了一篇较有系统的美学论文——《乐论》的人。他有一句话说得极好，他说："不全不粹不足以谓之美。"这话运用到艺术美上就是说：艺术既要极丰富地全面地表现生活和自然，又要提炼地去粗存精，提高、集中，更典型、更具普遍性地表现生活和自然。

由于"粹"，由于去粗存精，艺术表现里有了"虚"，"洗尽尘滓，独存孤迥"（恽南田语）。由于"全"，才能做到孟子所说的"充实之谓美，充实而有光辉之谓大"。"虚"和"实"辩证的统一，才能完成艺术的表现，形成艺术的美。

但"全"和"粹"是相互矛盾的。既去粗存精，那就似乎不全了，全就似乎不应"拔萃"。又全又粹，这不是矛盾吗？

然而只讲"全"而不顾"粹"，这就是我们现在所说的自然主义；只讲"粹"而不能反映"全"，那又容易走上抽象的形式主义的道路；既粹且全，才能在艺术表现里做到真正的"典型化"，全和粹要辩证地结合、统一，才能谓之美，正如荀子在两千年前所正确地指出的。

清初文人赵执信在他的《谈艺录》序言里有一段话很生动地形象化地说明这全和粹、虚和实辩证的统一才是艺术的最高成就。他说：

> 钱塘洪昉思（按：即洪昇，《长生殿》曲本的作者）久于新城（按：即王渔洋，提倡诗中神韵说者）之门矣。与余友。一日在司寇（渔洋）论诗，昉思嫉时俗之无章也，曰："诗如龙然，首尾鳞鬣，一不具，非龙也。"司寇哂之曰："诗如神龙，见其首不见其尾，或云中露一爪一鳞而已，安得全体？是雕塑绘画耳！"余曰："神龙者，屈伸变化，固无定体，恍惚望见者第指其一鳞一爪，而龙之首尾完好固宛然在也。若拘于所见，以为龙具在是，雕绘者反有辞矣！"

洪昉思重视"全"而忽略了"粹"，王渔洋依据他的神韵说看重一爪一鳞而忽视了"全体"；赵执信指出一鳞一爪的表现方式要能显示龙的首尾完好宛然存在。艺术的表现正在于一鳞一爪具有象征力量，使全体宛然存在，不削弱全体丰满的内容，把它们概括在一鳞一爪里。提高了，集中了，一粒沙里看见一个世界。这是中国艺术传统中的现实主义的创作方法，不是自然主义的，也不是形式主义的。

东晋　顾恺之《女史箴图》(局部)

但王渔洋、赵执信都以轻视的口吻说着雕塑绘画，好像它们只是自然主义地刻画现实。这是大大的误解。中国大画家所画的龙正是像赵执信所要求的，云中露出一鳞一爪，却使全体宛然可见。

中国传统的绘画艺术很早就掌握了这虚实相结合的手法。例如近年出土的晚周帛画凤夔人物、汉石刻人物画、东晋顾恺之《女史箴图》、唐阎立本《步辇图》、宋李公麟《免胄图》、元颜辉《钟馗出猎图》、明徐渭《驴背吟诗》，这些赫赫名迹都是很好的例子。我们见到一片空虚的背景上突出地集中地表现人物行动姿态，删略了背景的刻画，正像中国舞台上的表演一样（汉画上正有不少舞蹈和戏剧表演）。

关于中国绘画处理空间表现方法的问题，清初画家笪重光在他的一篇《画筌》（这是中国绘画美学里的一部杰作）里说得很好，而这段论画面空间的话，也正相通于中国舞台上空间处理的方式。他说：

> 空本难图，实景清而空景现。神无可绘，真境逼而神境生。位置相戾，有画处多属赘疣。虚实相生，无画处皆成妙境。

这段话扼要地说出中国画里处理空间的方法，也叫人联想到中国舞台艺术里的表演方式和布景问题。中国舞台表演方式是有独创性的，我们愈来愈见到它的优越性。而这种艺术表演方式又是和中国独特的绘画艺术相通的，甚至也和中国诗中的意境相通（我在1949年写过一篇《中国诗画中所表现的空间意识》）。中国舞台上一般地不设置逼真的布景（仅用少量的道具桌椅等）。老艺人说得好："戏曲的布景是在演员的身上。"演员结合剧情的发展，灵活地运用表演程式和手法，使得"真境逼而神境生"。演员集中精神用程式手法、舞蹈行动，逼真地表达出人物的内心情感和行动，就会使人忘掉对于剧中环境布景的要求，不需要环境布景阻碍表演的集中和灵活，"实景清而空景现"，留出空虚来让人物充分地表现剧情，剧中人和观众精神交流，深入艺术创作的最深意趣，这就是"真境逼而神境生"。这个"真境逼"是在现实主义的意义里的，不是自然主义里所谓逼真。这是艺术所启示的真，也就是"无可绘"的精神的体现，也就是美。"真""神""美"在这里是一体。

做到了这一点，就会使舞台上"空景"的"现"，即空间的构成，不须借助于实物的布置来显示空间，恐怕"位置相疣，有画处多属赘疣"，排除了累赘的布景，可使"无景处都成妙境"。例如川剧《刁窗》一场中虚拟的动作既突出了表演的"真"，又同时显示了手势的"美"，因"虚"得"实"。《秋江》剧里船翁一支桨和陈妙常的摇曳的舞姿可令观众"神游"江上。八大山人画一条生动的鱼在纸上，别无一物，令人感到满幅是水。我最近看到故宫陈列齐白石画册里一幅上画一枯枝横出，站立一鸟，别无所有，但用笔的神妙，令人感到环绕这鸟是一无垠的空间，和天际群星相接应，真是一片"神境"。

中国传统的艺术很早就突破了自然主义和形式主义的片面性，创造了民族的独特的现实主义的表达形式，使真和美、内容和形式高度地统一起来。反映这艺术发展的美学思想也具有独创的宝贵的遗产，值得我们结合艺术的实践来深入地理解和汲取，为我们从新的生活创造新的艺术形式提供借鉴和营养资料。

中国的绘画、戏剧和中国另一特殊的艺术——书法，具有着共同的特点，这就是它们里面都是贯穿着舞蹈精神（也就是音乐精神），由舞蹈动作显示虚灵的空间。唐朝大书法家张旭观看公孙大娘剑器舞而悟书法，吴道子画壁请裴将军舞剑以助壮气。而舞蹈也是中国戏剧艺术的根基。中国舞台动作在二千年的发展中形成一种富有高度节奏感和舞蹈化的基本风格，这种风格既是美的，同时又能表现生活的真实，演员能用一两个极洗练而又极典型的姿式，把时间、地点和特定情景表

清　朱耷《鱼》

现出来。例如"趟马"这个动作，可以使人看出有一匹马在跑，同时又能叫人觉得是人骑在马上动，是在什么情境下骑着的。如果一个演员在趟马时"心中无马"，光在那里卖弄武艺，卖弄技巧，那他的动作就是程式主义的了。——我们的舞台动作，确是能通过高度的艺术真实，表现出生活的真实的。也证明这是几千年来，一代又一代的，经过广大人民运用他们的智慧，积累而成的优秀的民族表现形式。如果想一下子取消这种动作，代之以纯现实的，甚至是自然主义的做工，那就是取消民族传统，取消戏曲。(见焦菊隐：《表演艺术上的三个主要问题》，《戏剧报》1954 年 11 月号。)

中国艺术上这种善于运用舞蹈形式，辩证地结合着虚和实，这种独特的创造手法也贯穿在各种艺术里面。大而至于建筑，小而至于印章，都是运用虚实相生的审美原则来处理，而表现出飞舞生动的气韵。《诗经》里《斯干》那首诗里赞美周宣王的宫室时就是拿舞的姿式来形容这建筑，说它"如跂斯翼，如矢斯棘，如鸟斯革，如翚斯飞"。

由舞蹈动作伸延，展示出来的虚灵的空间，是构成中国绘画、书法、戏剧、建筑里的空间感和空间表现的共同特征，而造成中国艺术在世界上的特殊风格。它是和西洋从埃及以来所承受的几何学的空间感有不同之处。研究我们古典遗产里的特殊贡献，可以有助于人类的美学探讨和艺术理解的进展。

中国艺术意境之诞生（增订稿）

引　言

　　世界是无穷尽的，生命是无穷尽的，艺术的境界也是无穷尽的。"适我无非新"（王羲之诗句），是艺术家对世界的感受。"光景常新"，是一切伟大作品的烙印。"温故而知新"，却是艺术创造与艺术批评应有的态度。历史上向前一步的进展，往往地伴着向后一步的探本穷源。李、杜的天才，不忘转益多师。十六世纪的文艺复兴追摹着希腊，十九世纪的浪漫主义憧憬着中古，二十世纪的新派且溯源到原始艺术的浑朴天真。

　　现代的中国站在历史的转折点。新的局面必将展开。然而我们对旧文化的检讨，以同情的了解给予新的评价，也更显重要。就中国艺术方面——这中国文化史上最中心最有世界贡献的一方面——研寻其意境的特构，以窥探中国心灵的幽情壮采，也是民族文化的自省工作。希腊哲人对人生指示说："认识你自己！"近代哲人对我们说："改造这世界！"为了改造世界，我们先得认识。

一、意境的意义

龚定庵在北京,对戴醇士说:"西山有时渺然隔云汉外,有时苍然堕几席前,不关风雨晴晦也!"西山的忽远忽近,不是物理学上的远近,乃是心中意境的远近。

方士庶在《天慵庵随笔》里说:"山川草木,造化自然,此实境也。因心造境,以手运心,此虚境也。虚而为实,是在笔墨有无间,——故古人笔墨具此山苍树秀,水活石润,于天地之外,别构一种灵奇。或率意挥洒,亦皆炼金成液,弃滓存精,曲尽蹈虚揖影之妙。"中国绘画的整个精粹在这几句话里。本文的千言万语,也只是阐明此语。

恽南田《题洁庵图》说:"谛视斯境,一草一树、一丘一壑,皆洁庵(指唐洁庵)灵想之所独辟,总非人间所有。其意象在六合之表,荣落在四时之外。将以尻轮神马,御泠风以游无穷。真所谓藐姑射之山,汾水之阳,尘垢秕糠,绰约冰雪。时俗龌龊,又何能知洁庵游心之所在哉!"

画家诗人"游心之所在",就是他独辟的灵境,创造的意象,作为他艺术创作的中心之中心。

什么是意境?人与世界接触,因关系的层次不同,可有五种境界:(1)为满足生理的物质的需要,而有功利境界;(2)因人群共存互爱的关系,而有伦理境界;(3)因人群组合互制的关系,而有政治境界;(4)因穷研物理,追求智慧,而有学术境界；（5）因欲返本归真，冥合天人，而有宗教境界。功利境界主于利，伦理境界主于爱，政治境界主于权，学术境界主于真，宗教境界主于神。但介乎后二者的中间，以宇宙人生的具体为对象，赏玩它的色相、秩序、节奏、和谐，借以窥见自我的最深心灵的反映；化实景而为虚境，创形象以为象征，使人类最高的心灵具体化、肉身化，这就是"艺术境界"。艺术境界主于美。

所以一切美的光是来自心灵的源泉：没有心灵的映射，是无所谓美的。瑞士思想家阿米尔（Amiel）说：

> 一片自然风景是一个心灵的境界。

中国大画家石涛也说：

> 山川使予代山川而言也。……山川与予神遇而迹化也。

艺术家以心灵映射万象，代山川而立言，他所表现的是主观的生命情调与客观的自然景象交融互渗，成就一个鸢飞鱼跃，活泼玲珑，渊然而深的灵境；这灵境就是构成艺术之所以为艺术的"意境"。（但在音乐和建筑，这时间中纯形式与空间中纯形式的艺术，却以非模仿自然的景象来表现人心中最深的不可名的意境，而舞蹈则又为综合

清　石涛《云山图》

时空的纯形式艺术,所以能为一切艺术的根本形态,这事后面再说到。)

意境是"情"与"景"(意象)的结晶品。王安石有一首诗:

> 杨柳鸣蜩绿暗,荷花落日红酣。
> 三十六陂春水,白头相见江南。

前三句全是写景,江南的艳丽的阳春,但着了末一句,全部景象遂笼罩上,啊,渗透进,一层无边的惆怅,回忆的愁思和重逢的欣慰,情景交织,成了一首绝美的"诗"。

元人马东篱有一首《天净沙》小令:

> 枯藤老树昏鸦,小桥流水人家,
> 古道西风瘦马,夕阳西下——
> 断肠人在天涯!

也是前四句完全写景,着了末一句写情,全篇点化成一片哀愁寂寞、宇宙荒寒、怅触无边的诗境。

艺术的意境,因人因地因情因景的不同,现出种种色相,如摩尼珠,幻出多样的美。同是一个星天月夜的景,影映出几层不同的诗境:

元人杨载《景阳宫望月》云:

大地山河微有影，九天风露浩无声。

明画家沈周（石田）《写怀寄僧》云：

明河有影微云外，清露无声万木中。

清人盛青嵝咏《白莲》云：

半江残月欲无影，一岸冷云何处香。

杨诗写函盖乾坤的封建的帝居气概，沈诗写迥绝世尘的幽人境界，盛诗写风流蕴藉、流连光景的诗人胸怀。一主气象，一主幽思（禅境），一主情致。至于唐人陆龟蒙咏白莲的名句"无情有恨何人见，月晓风清欲堕时"，却系为花传神，偏于赋体，诗境虽美，主于咏物。

在一个艺术表现里情和景交融互渗，因而发掘出最深的情，一层比一层更深的情，同时也透入了最深的景，一层比一层更晶莹的景；景中全是情，情具象而为景，因而涌现了一个独特的宇宙，崭新的意象，为人类增加了丰富的想象，替世界开辟了新境，正如恽南田所说"皆灵想之所独辟，总非人间所有"。这是我的所谓"意境"。"外师造化，中得心源。"唐代画家张璪这两句训示，是这意境创现的基本条件。

二、意境与山水

元人汤采真说:"山水之为物,禀造化之秀,阴阳晦暝,晴雨寒暑,朝昏昼夜,随形改步,有无穷之趣,自非胸中丘壑,汪汪洋洋,如万顷波,未易摹写。"

艺术意境的创构,是使客观景物作我主观情思的象征。我人心中情思起伏,波澜变化,仪态万千,不是一个固定的物象轮廓能够如量表出,只有大自然的全幅生动的山川草木,云烟明晦,才足以表象我们胸襟里蓬勃无尽的灵感气韵。恽南田题画说:"写此云山绵邈,代致相思,笔端丝粉,皆清泪也。"山水成了诗人画家抒写情思

明 董其昌《九峰寒翠图》

的媒介，所以中国画和诗，都爱以山水境界做表现和咏味的中心。和西洋自希腊以来拿人体做主要对象的艺术途径迥然不同。董其昌说得好："诗以山川为境，山川亦以诗为境。"艺术家禀赋的诗心，映射着天地的诗心。(《诗纬》云："诗者天地之心。")山川大地是宇宙诗心的影现；画家诗人的心灵活跃，本身就是宇宙的创化，它的卷舒取舍，好似太虚片云，寒塘雁迹，空灵而自然！

三、意境创造与人格涵养

这种微妙境界的实现，端赖艺术家平素的精神涵养、天机的培植，在活泼泼的心灵飞跃而又凝神寂照的体验中突然地成就。元代大画家黄子久说："终日只在荒山乱石、丛木深篠中坐，意态忽忽，人不测其为何。又每往泖中通海处看急流轰浪，虽风雨骤至，水怪悲诧而不顾。"宋画家米友仁说："画之老境，于世海中一毛发事泊然无着染。每静室僧趺，忘怀万虑，与碧虚寥廓同其流。"黄子久以狄阿理索斯（Dionysius）的热情深入宇宙的动象，米友仁却以阿波罗（Apollo）式的宁静涵映世界的广大精微，代表着艺术生活上两种最高精神形式。

在这种心境中完成的艺术境界自然能空灵动荡而又深沉幽渺。南唐董源说："写江南山，用笔甚草草，近视之几不类物象，远视之则景物灿然，幽情远思，如睹异境。"艺术家凭借他深静的心襟，发现宇宙间深沉的境地；他们在大自然里"偶遇枯槎顽石，勺水疏林，都能以深情冷眼，求其幽意所在"。黄子久每教人作深潭，以杂树渰之，其造境可想。

所以艺术境界的显现，绝不是纯客观地机械地描摹自然，而以"心匠自得为高"（米芾语）。尤其是山川景物，烟云变灭，不可临摹，须凭胸臆的创构，才能把握全景。宋画家宋迪论作山水画说：

> 先当求一败墙，张绢素讫，朝夕视之。既久，隔素见败墙之上，高下曲折，皆成山水之象，心存目想：高者为山，下者为水，坎者为谷，缺者为涧，显者为近，晦者为远。神领意造，恍然见人禽草木飞动往来之象，了然在目，则随意命笔，默以神会，自然景皆天就，不类人为，是谓活笔。

他这段话很可以说明中国画家所常说的"丘壑成于胸中，既寤发之于笔墨"，这和西洋印象派画家莫奈（Monet）早、午、晚三时临绘同一风景至于十余次，刻意写实的态度，迥不相同。

法国　莫奈《鲁昂大教堂黎明时》

法国　莫奈《鲁昂大教堂在中午》

法国　莫奈《鲁昂大教堂在黄昏时分》

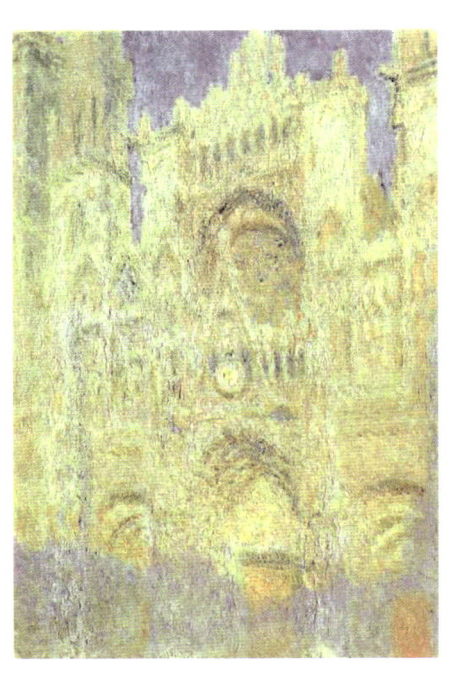

法国　莫奈《鲁昂大教堂在晚上》

四、禅境的表现

中国艺术家何以不满于纯客观的机械式的模写？因为艺术意境不是一个单层的平面的自然的再现，而是一个境界层深的创构。从直观感相的模写，活跃生命的传达，到最高灵境的启示，可以有三层次。蔡小石在《拜石山房词》序里形容词里面的这三境层极为精妙：

> 夫意以曲而善托，调以杳而弥深。始读之则万萼春深，百色妖露，积雪缟地，余霞绮天，此一境也。（这是直观感相的渲染。）再读之，则烟涛汹涌，霜飙飞摇，骏马下坡，泳鳞出水，又一境也。（这是活跃生命的传达。）卒读之，而皎皎明月，仙仙白云，鸿雁高翔，坠叶如雨，不知其何以冲然而澹，翛然而远也。（这是最高灵境的启示。）

江顺贻评之曰："始境，情胜也。又境，气胜也。终境，格胜也。""情"是心灵对于印象的直接反映，"气"是"生气远出"的生命，"格"是映射着人格的高尚格调。西洋艺术里面的印象主义、写实主义，是相等于第一境层。浪漫主义倾向于生命音乐性的奔放表现，古典主义倾向于生命雕像式的清明启示，都相当于第二境层。至于象征主义、表现主义、后期印象派,它们的旨趣在于第三境层。

而中国自六朝以来,艺术的理想境界却是"澄怀观道"(晋宋画家宗炳语),在拈花微笑里领悟色相中微妙至深的禅境。如冠九在《都转心庵词序》中说得好:

> "明月几时有",词而仙者也。"吹皱一池春水",词而禅者也。仙不易学而禅可学。学矣,而非栖神幽遐,涵趣寥旷,通拈花之妙悟,穷非树之奇想,则动而为沾滞之音矣。其何以澄观一心,而腾踔万象。是故词之为境也,空潭印月,上下一澈,屏知识也。清馨出尘,妙香远闻,参净因也。鸟鸣珠箔,群花自落,超圆觉也。

"澄观一心,而腾踔万象",是意境创造的始基;"鸟鸣珠箔,群花自落",是意境表现的圆成。

绘画里面也能见到这意境的层深。明画家李日华在《紫桃轩杂缀》里说:

> 凡画有三次第:一曰身之所容。凡置身处,非邃密,即旷朗。水边林下,多景所凑处是也。(按:此为身边近景。)二曰目之所瞩。或奇胜,或渺迷,泉落云生,帆移鸟去是也。(按:此为眺瞩之景。)三曰意之

所游。目力虽穷，而情脉不断处是也。（按：此为无尽空间之远景。）又有意有所忽处，如写一树一石，必有草草点染取态处。（按：此为有限中见取无限，传神写生之境。）写长景必有意到笔不到，为神气所吞处，是非有心于忽，盖不得不忽也。（按：此为借有限以表现无限，造化与心源合一，一切形象都形成了象征境界。）其于佛法相宗所云极迥色极略色之谓也。

于是绘画由丰满的色相达到最高心灵境界，所谓禅境的表现，种种境层，以此为归宿。戴醇士曾说："恽南田以'落叶聚还散，寒鸦栖复惊'（李白诗句）品一峰（黄子久）笔，是所谓孤蓬自振，惊沙坐飞，画也而几乎禅矣！"禅是动中的极静，也是静中的极动，寂而常照，照而常寂，动静不二，直探生命的本原。禅是中国人接触佛教大乘义后体认到自己心灵的深处而灿烂地发挥到哲学境界与艺术境界。静穆的观照和飞跃的生命，构成艺术的两元，也是构成"禅"的心灵状态。《雪堂和尚拾遗录》里说："舒州太平灯禅师颇习经论，傍教说禅。白云演和尚以偈寄之曰：'白云山头月，太平松下影。良夜无狂风，都成一片境。'灯得偈颂之，未久，于宗门方彻渊奥。"禅境借诗境表达出来。

所以中国艺术意境的创成，既须得屈原的缠绵悱恻，又须得庄子的超旷空灵。缠绵悱恻，才能一往情深，深入万物

元　黄公望《富春山居图》（无用师卷局部）

的核心，所谓"得其环中"。超旷空灵，才能如镜中花，水中月，羚羊挂角，无迹可寻，所谓"超以象外"。色即是空，空即是色，色不异空，空不异色，这不但是盛唐人的诗境，也是宋元人的画境。

五、道、舞、空白：中国艺术意境结构的特点

庄子是具有艺术天才的哲学家，对于艺术境界的阐发最为精妙。在他是"道"，这形而上原理，和"艺"，能够体合无间。"道"的生命进乎技，"技"的表现启示着"道"。在《养生主》里他有一段精彩的描写：

庖丁为文惠君解牛，手之所触，肩之所倚，足之所履，膝之所踦，砉然响然，奏刀騞然，莫不中音。合于桑林之舞，乃中经首（尧乐章）之会（节也）。文惠君曰："嘻，善哉！技盖至此乎？"庖丁释刀对曰："臣之所好者道也，进乎技矣。始臣之解牛之时，所见无非牛者；三年之后，未尝见全牛也；方今之时，臣以神遇而不以目视。官知止而神欲行。依乎天理，批大卻，道大窾，因其固然，技经肯綮之未尝，而况大軱乎！良庖岁更刀，割也；族庖月更刀，折也；今臣之刀十九年矣，所解数千牛矣，而刀刃若新发于硎。彼节者有间，而刀刃者无厚，以无厚入有间，恢恢乎其于游刃必有余地矣。是以十九年而刀刃若新发于硎。虽然，每至于族（交错聚结处），吾见其难为，怵然为戒，视为止，行为迟，动刀甚微，謋然已解，如土委地。提刀而立，为之四顾，为之踌躇满志。善刀而藏之。"文惠君曰："善哉，吾闻庖丁之言，得养生焉。"

"道"的生命和"艺"的生命，游刃于虚，莫不中音，合于桑林之舞，乃中经首之会。音乐的节奏是它们的本体。所以儒家哲学也说："大乐与天地同和，大礼与天地同节。"《易》云："天地絪缊，万物化醇。"这生生的节奏是中国艺术境界的最后源泉。石涛题画云:"天地氤氲秀结,四时朝暮垂垂,透过鸿蒙之理,堪留百代之奇。"艺术家要在作品里把握到天地境界!德国诗人诺瓦里斯(Novalis)说:"混沌的眼,透过秩序的网幕,闪闪地发光。"石涛也说:"在于墨海中立定精神,笔锋下决出生活,尺幅上换去毛骨,混沌里放出光明。"艺术要刊落一切表皮,呈显物的晶莹真境。

艺术家经过"写实""传神"到"妙悟"境内,由于妙悟,他们"透过鸿蒙之理,堪留百代之奇"。这个使命是够伟大的!

那么艺术意境之表现于作品,就是要透过秩序的网幕,使鸿蒙之理闪闪发光。这秩序的网幕是由各个艺术家的意匠组织线、点、光、色、形体、声音或文字成为有机谐和的艺术形式,以表出意境。

因为这意境是艺术家的独创,是从他最深的"心源"和"造化"接触时突然的领悟和震动中诞生的,它不是一味客观地描绘,像一照相机的摄影。所以艺术家要能拿特创的"秩序、网幕"来把住那真理的闪光。音乐和建筑的秩序结构,尤能直接地启示宇宙真体的内部和谐与节奏,所以一切艺术趋向音乐的状态、建筑的意匠。

然而,尤其是"舞",这最高度的韵律、节奏、秩序、理性,同时是最高度的生命、旋动、力、热情,它不仅是一切艺术表现的究竟状态,且是宇宙创化过程的象征。艺术家在这

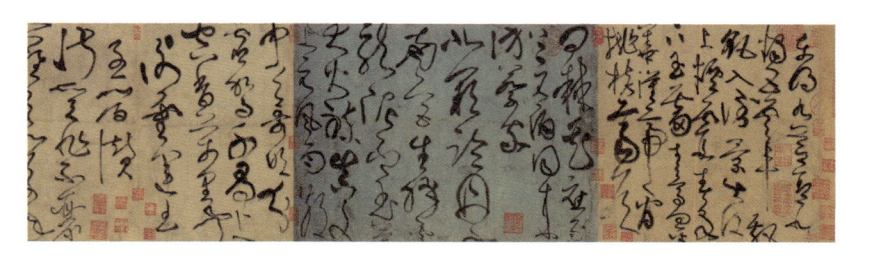

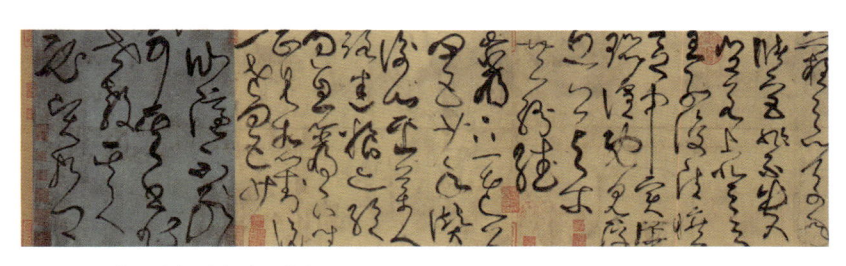

唐　张旭《古诗四帖》

时失落自己于造化的核心，沉冥入神，"穷元妙于意表，合神变乎天机"（唐代大批评家张彦远论画语）。"是有真宰，与之浮沉"（司空图《诗品》语），从深不可测的玄冥的体验中升化而出，行神如空，行气如虹。在这时只有"舞"，这最紧密的律法和最热烈的旋动，能使这深不可测的玄冥的境界具象化、肉身化。

　　在这舞中，严谨如建筑的秩序流动而为音乐，浩荡奔驰的生命收敛而为韵律。艺术表演着宇宙的创化。所以唐代大书家张旭见公孙大娘剑器舞而悟笔法，大画家吴道子请裴将军舞剑以助壮气说："庶因猛厉以通幽冥！"郭若虚的《图画

见闻志》上说:

> (唐)开元中,将军裴旻居丧,诣吴道子,请于东都天宫寺画神鬼数壁以资冥助。道子答曰:"吾画笔久废,若将军有意,为吾缠结,舞剑一曲,庶因猛厉以通幽冥!"旻于是脱去缞服,若常时装束,走马如飞,左旋右转,掷剑入云,高数十丈,若电光下射。旻引手执鞘承之,剑透室而入。观者数千人,无不惊栗。道子于是援毫图壁,飒然风起,为天下之壮观。道子平生绘事得意,无出于此。

诗人杜甫形容诗的最高境界说:"精微穿溟涬,飞动摧霹雳。"(《夜听许十一诵诗爱而有作》)前句是写沉冥中的探索,透进造化的精微的机械,后句是指大气盘旋的创造,具象而成飞舞。深沉的静照是飞动的活力的源泉。反过来说,也只有活跃的具体的生命舞姿、音乐的韵律、艺术的形象,才能使静照中的"道"具象化、肉身化。德国诗人侯德林(Hölderlin)有两句诗含义极深:

> 谁沉冥到
> 那无涯际的"深",
> 将热爱着

这最生动的"生"。

他这话使我们突然省悟中国哲学境界和艺术境界的特点。中国哲学是就"生命本身"体悟"道"的节奏。"道"具象于生活、礼乐制度。道尤表象于"艺"。灿烂的"艺"赋予"道"以形象和生命,"道"给予"艺"以深度和灵魂。庄子《天地》篇有一段寓言说明只有艺"象罔"才能获得道真"玄珠":

> 黄帝游乎赤水之北,登乎昆仑之丘而南望,还归,遗其玄珠。(司马彪云:玄珠,道真也。)使知(理智)索之而不得。使离朱(色也,视觉也)索之而不得。使喫诟(言辩也)索之而不得也。乃使象罔,象罔得之。黄帝曰:"异哉!象罔乃可以得之乎?"

吕惠卿注释得好:"象则非无,罔则非有,不皦不昧,此玄珠之所以得也。"非无非有,不皦不昧,这正是艺术形象的象征作用。"象"是景象,"罔"是虚幻,艺术家创造虚幻的景象以象征宇宙人生的真际。真理闪耀于艺术形象里,玄珠的隐跃于象罔里。歌德曾说:"真理和神性一样,是永不肯让我们直接识知的。我们只能在反光、譬喻、象征里面观照它。"又说:"在璀灿的反光里面我们把握到生命。"生命在他就是宇宙真际。他在《浮士德》里面的诗句"一切消逝者,只是一

象征",更说明"道""真的生命"是寓在一切变灭的形象里。英国诗人勃莱克的一首诗说得好:

> 一花一世界,一沙一天国,
> 君掌盛无边,刹那含永劫。
>
> ——田汉译

这诗和中国宋僧道灿的《重阳》诗句"天地一东篱,万古一重九",都能喻无尽于有限,一切生灭者象征着永恒。

人类这种最高的精神活动,艺术境界与哲理境界,是诞生于一个最自由最充沛的深心的自我。这充沛的自我,真力弥满,万象在旁,掉臂游行,超脱自在,需要空间,供他活动。(参见拙作《中西画法所表现的空间意识》。)于是"舞"是它最直接、最具体的自然流露。"舞"是中国一切艺术境界的典型。中国的书法、画法都趋向飞舞。庄严的建筑也有飞檐表现着舞姿。杜甫《观公孙大娘弟子舞剑器行》首段云:

> 昔有佳人公孙氏,一舞剑器动四方。
> 观者如山色沮丧,天地为之久低昂。
> ……

天地是舞,是诗(诗者天地之心),是音乐(大乐与天地同和)。中国绘画境界的特点建筑在这上面。画家解衣盘礴，面对着一张空白的纸（表象着舞的空间），用飞舞的草情篆意谱出宇宙万形里的音乐和诗境。照相机所摄万物形体的底层在纸上是构成一片黑影。物体轮廓线内的纹理形象模糊不清。山上草树崖石不能生动地表出他们的脉络姿态。只在大雪之后，崖石轮廓林木枝干才能显出它们各自的奕奕精神性格，恍如铺垫了一层空白纸，使万物以嵯峨突兀的线纹呈露它们的绘画状态。所以中国画家爱写雪

明　项圣谟《雪影渔人图》

景（王维），这里是天开图画。

中国画家面对这幅空白，不肯让物的底层黑影填实了物体的"面"，取消了空白，像西洋油画；所以直接地在这一片虚白上挥毫运墨，用各式皴文表出物的生命节奏。（石涛说："笔之于皴也，开生面也。"）同时借取书法中的草情篆意或隶体表达自己心中的韵律，所绘出的是心灵所直接领悟的物态天趣，造化和心灵的凝合。自由潇洒的笔墨，凭线纹的节奏，色彩的韵律，开径自行，养空而游，蹈光揖影，抟虚成实。（参看本文首段引方士庶语。）

庄子说："虚室生白。"又说："唯道集虚。"中国诗词文章里都着重这空中点染、抟虚成实的表现方法，使诗境、词境里面有空间，有荡漾，和中国画面具同样的意境结构。

中国特有的艺术——书法，尤能传达这空灵动荡的意境。唐张怀瓘在他的《书议》里形容王羲之的用笔说："一点一画，意态纵横，偃亚中间，绰有余裕。然字峻秀，类于生动，幽若深远，焕若神明，以不测为量者，书之妙也。"在这里，我们见到书法的妙境通于绘画，虚空中传出动荡，神明里透出幽深，超以象外，得其环中，是中国艺术的一切造境。

王船山在《诗绎》里说："论画者曰，咫尺有万里之势，一势字宜着眼。若不论势，则缩万里于咫尺，直是《广舆记》前一天下图耳。五言绝句以此为落想时第一义。唯盛唐人能得其妙。如'君家住何处，妾住在横塘。停船暂借问，或恐是同乡',墨气所射,四表无穷,无字处皆其意也!"高日甫论画歌曰:"即其笔墨所未到,亦有灵气空中行。"笪重光说:"虚实相生,无画处皆成妙境。"三人的话都是注意到艺术境界里的虚空要素。中国的诗词、绘画、书法里,表现着同样的意境结构,代表着中国人的宇宙意识。盛唐王、孟派的诗,固多空花水月的禅境;北宋词人空中荡漾,绵渺无际;就是南宋词人姜白石的"二十四桥仍在,波心荡冷月无声",周草窗的"看画船尽入西泠,闲却半湖春色",也能以空虚衬托实景,墨气所射,四表无穷。但就它渲染的境象说,还是不及唐人绝句能"无字处皆其意",更为高绝。中国人对"道"的体验,是"于空寂处见流行,于流行处见空寂",唯道集虚,体用不二,这构成中国人的生命情调和艺术意境的实相。

王船山又说:"工部(杜甫)之工在即物深致,无细不章。右丞(王维)之妙,在广摄四旁,圜中自显。"又说:"右丞妙手能使在远者近,抟虚成实,则心自旁灵,形自当位。"这话极有意思。"心自旁灵"表现于"墨气所射,四表无穷","形自当位",是"咫尺有万里之势"。"广摄四旁,圜中自显","使在远者近,抟虚成实",这正是大画家大诗人王维创造意境的手法,代表着中国人于空虚中创现生命的流行,绵缊的气韵。

王船山论到诗中意境的创造,还有一段精深微妙的话,使我们领悟"中国艺术意境之诞生"的终极根据。他说:"唯此窅窅摇摇之中,有一切真情在内,可兴可观,可群可怨,是以有取于诗。然因此而诗则又往往缘景缘事,缘以往缘未来,经年苦吟,而不能自道。以追光蹑影之笔,写通天尽人之怀,是诗家正法眼藏。""以追光蹑影之笔,写通天尽人之怀",这两句话表出中国艺术的最后的理想和最高的成就。唐、宋人诗词是这样,宋、元人的绘画也是这样。

尤其是在宋、元人的山水花鸟画里,我们具体地欣赏到这"追光蹑影之笔,写通天尽人之怀"。画家所写的自然生命,集中在一片无边的虚白上。空中荡漾着"视之不见、听之不闻、搏之不得"的"道",老子名之为"夷""希""微"。在这一片虚白上幻现的一花一鸟、一树一石、一山一水,都负荷着无限的深意、无边的深情。(画家、诗人对万物一视同仁,往往很远的微小的一草一石,都用工笔画出,或在逸笔撇脱中表出微茫惨淡的意趣。)万物浸在光被四表的神的爱中,宁静而深沉。深,像在一和平的梦中,给予观者的感受是一澈透灵魂的安慰和惺惺的微妙的领悟。

中国画的用笔,从空中直落,墨花飞舞,和画上虚白,溶成一片,画境恍如"一片云,因日成彩,光不在内,亦不在外,既无轮廓,亦无丝理,可以生无穷之情,而情了无寄"(借王船山评王俭《春诗》绝句语)。中国画的光是动荡着全幅画面的一种形而上的、非写实的宇宙灵气的流行,贯彻中边,往复上下。古绢的黯然而光,尤能传达这种神秘的意味。西洋传统的油画填没画底,不留空白,画面上动荡的光和气氛仍是物理的目睹的实质,而中国画上画家用心所在,正在无笔墨处,无笔墨处却是飘渺天倪，化工的境界（即其笔墨所未到，亦有灵气空中行）。这种画面的构造是植根于中国心灵里葱茏絪缊，蓬勃生发的宇宙意识。王船山说得好："两间之固有者，自然之华，因流动生变而成绮丽，心目之所及，文情赴之，貌其本荣，如所存而显之，即以华奕照耀，动人无际矣！"这不是唐诗宋画，给予我们的征象吗？

然而近代文人的诗笔画境缺乏照人的光彩、动人的情致、丰富的意象，这是民族心灵一时枯萎的征象么？中国人爱在山水中设置空亭一所。戴醇士说："群山郁苍，群木荟蔚，空亭翼然，吐纳云气。"一座空亭竟成为山川灵气动荡吐纳的交点和山川精神聚集的处所。倪云林每画山水，多置空亭，他有"亭下不逢人，夕阳澹秋影"的名句。张宣题倪画《溪亭山色图》诗云："石滑岩前雨，泉香树杪风，江山无限影，都聚一亭中。"苏东坡《涵虚亭》诗云："惟有此亭无一物，坐观万景得天全。"唯道集虚，中国建筑也表现着中国人的宇宙情调。

空寂中生气流行，鸢飞鱼跃，是中国人艺术心灵与宇宙意象"两镜相入"互摄互映的华严境界。倪云林有一绝句，最能写出此境：

> 兰生幽谷中，倒影还自照。
> 无人作妍媛，春风发微笑。

希腊神话里水仙之神（Narcise）临水自鉴，眷恋着自己的仙姿，无限相思，憔悴以死。中国的兰生幽谷，倒影自照，孤芳自赏，虽感空寂，却有春风微笑相伴，一呼一吸，宇宙息息相关，悦怿风神，悠然自足。（中西精神的差别相。）

艺术的境界，既使心灵和宇宙净化，又使心灵和宇宙深化，使人在超脱的胸襟里体味到宇宙的深境。

唐朝诗人常建的《江上琴兴》一诗，最能写出艺术（琴声）这净化深化的作用：

江上调玉琴，一弦清一心。
泠泠七弦遍，万木澄幽阴。
能使江月白，又令江水深。
始知梧桐枝，可以徽黄金。

中国文艺里意境高超莹洁而具有壮阔幽深的宇宙意识生命情调的作用也不可多见。我们可以举出宋

元　倪瓒《秋亭嘉树图》

人张于湖的一首词来,他的《念奴娇·过洞庭》词云:

  洞庭青草,近中秋,更无一点风色。玉鉴琼田三万顷,著我片舟一叶。素月分晖,明河共影,表里俱澄澈。悠悠心会,妙处难与君说。
  应念岭表经年,孤光自照,肝胆皆冰雪。短发萧疏襟袖冷,稳泛沧溟空阔。尽挹西江,细斟北斗,万象为宾客。(对空间之超脱。)叩舷独啸,不知今夕何夕!(对时间之超脱。)

这真是"雪涤凡响,棣通太音,万尘息吹,一真孤露"。笔者自己也曾写过一首小诗,希望能传达中国心灵的宇宙情调,不揣陋劣,附在这里,借供参证:

  飙风天际来,绿压群峰暝。
  云罅漏夕晖,光写一川冷。
  悠悠白鹭飞,淡淡孤霞迥。
  系缆月华生,万象浴清影。

——《柏溪夏晚归桌》

  艺术的意境有它的深度、高度、阔度。杜甫诗的高、大、深,俱不可及。"吐弃到人所不能吐弃为高,含茹到人所不能含茹为大，曲折到人所不能曲折为深。"（刘熙载评杜甫诗语。）叶梦得《石林诗话》里也说："禅家有三种语，老杜诗亦然。如波漂菰米沉云黑，露冷莲房坠粉红，为函盖乾坤语。落花游丝白日静，鸣鸠乳燕青春深，为随波逐浪语。百年地僻柴门迥，五月江深草阁寒，为截断众流语。"函盖乾坤是大，随波逐浪是深，截断众流是高。李太白的诗也具有这高、深、大。但太白的情调较偏向于宇宙境象的大和高。太白登华山落雁峰，说："此山最高，呼吸之气，想通帝座，恨不携谢朓惊人句来，搔首问青天耳！"（唐语林）杜甫则"直取性情真"（杜甫诗句），他更能以深情掘发人性的深度，他具有但丁的沉着的热情和歌德的具体表现力。

李、杜境界的高、深、大，王维的静远空灵，都植根于一个活跃的、至动而有韵律的心灵。承继这心灵，是我们深衷的喜悦。

艺术与中国社会

依于仁,游于艺

——孔子

孔子说"兴于诗,立于礼,成于乐",这三句话挺简括地说出孔子的文化理想、社会政策和教育程序。王弼解释得好:"言为政之次序也:夫喜惧哀乐,民之自然,感应而动,而发乎诗歌。所以陈诗采谣,以知民志风。既见其风,则损益基焉。故因俗立志,以达其礼也。矫俗检刑,民心未化,故感以乐声,以和其神也。"中国古代的社会文化与教育是拿诗书礼乐做根基。《礼记·王制》:"乐正崇四术,立四教……春秋教以礼乐,冬夏教以诗书。"教育的主要工具、门径和方法是艺术文学。艺术的作用是能以感情动人,潜移默化培养社会民众的性格品德于不知不觉之中,深刻而普遍。尤以诗和乐能直接打动人心,陶冶人的性灵人格。而"礼"却在群体生活的和谐与节律中,养成文质彬彬的动作、步调的整齐、意志的集中。中国人在天地的动静、四时的节律、昼夜的来复、生长老死的绵延,感到宇宙是生生而具条理的。这"生生而

明　佚名《孔子圣迹图》之《删述六经》

条理"就是天地运行的大道,就是一切现象的体和用。孔子在川上曰:"逝者如斯夫,不舍昼夜!"最能表出中国人这种"观吾生,观其生"(易观卜辞)的风度和境界。这种最高度的把握生命和最深度的体验生命的精神境界,具体地贯注到社会实际生活里,使生活端庄流丽,成就了诗书礼乐的文化。但这境界,这"形而上的道",也同时要能贯彻到形而下的器。器是人类生活的日用工具。人类能仰观俯察,构成宇宙观,会通形象物理,才能创作器皿,以为人生之用。器是离不开人生的。而人也成了离不开器皿工具的生物。而人类社会生活的高峰,礼和乐的生活,乃寄托和表现于礼器乐器。

礼和乐是中国社会的两大柱石。"礼"构成社会生活里的秩序条理。礼好像画上的线文钩出事物的形象轮廓，使万象昭然有序。孔子曰："绘事后素。""乐"滋润着群体内心的和谐与团结力。然而礼乐的最后根据，在于形而上的天地境界。《礼记》上说：

礼者，天地之序也；乐者，天地之和也。

人生里面的礼乐负荷着形而上的光辉，使现实的人生启示着深一层的意义和美。礼乐使生活上最实用的、最物质的衣食住行及日用品，升华进端庄流丽的艺术领域。三代的各种玉器，是从石器时代的石斧石磬等，升华到圭璧等的礼器乐器。三代的铜器，也是从铜器时代的烹调器及饮器等，升华到国家的至宝。而它们艺术上的形体之美、式样之美、花纹之美、色泽之美、铭文之美，集合了画家、书家、雕塑家的设计与模型，由冶铸家的技巧，而终于在圆满的器形上，表出民族的宇宙意识（天地境界）、生命情调，以至政治的权威，社会的亲和力。在中国文化里，从最低层的物质器皿，穿过礼乐生活，直达天地境界，是一片混然无间、灵肉不二的大和谐、大节奏。

因为中国人由农业进于文化，对于大自然是"不隔"的，是父子亲和的关系，没有奴役自然的态度。中国人对他的用具（石器铜器），不只是用来控制自然，以图生存，他更希望能

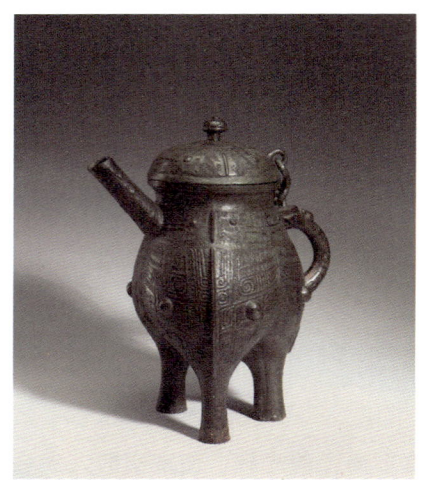

商后期　宁戈父丁盉　　　　　　西周晚期　毛公鼎

在每件用品里面，表出对自然的敬爱，把大自然里启示着的和谐、秩序，它内部的音乐、诗，表现在具体而微的器皿中。一个鼎要能表象天地人。《诗绎》里说：

> 诗者，天地之心。

《乐记》里说：

> 大乐与天地同和……

《孟子》曰：

> 君子……上下与天地同流。

中国人的个人人格、社会组织以及日用器皿，都希望能在美的形式中，作为形而上的宇宙秩序，与宇宙生命的表征。这是中国人的文化意识，也是中国艺术境界的最后根据。

孔子是替中国社会奠定了"礼"的生活的。礼器里的三代彝鼎，是中国古典文学与艺术的观摩对象。铜器的端庄流丽，是中国建筑风格，汉赋唐律，四六文体，以至于八股文的理想典范。它们都倾向于对称、比例、整齐、谐和之美。然而，玉质的坚贞而温润，它们的色泽的空灵幻美，却领导着中国的玄思，趋向精神人格之美的表现。它的影响，显示于中国伟大的文人画里。文人画的最高境界，是玉的境界。倪云林画可以代表。不但古之君子比德于玉，中国的画、瓷器、书法、诗、七弦琴，都以精光内敛，温润如玉的美为意象。

然而，孔子更进一步求"礼之本"。礼之本在仁，在于音乐的精神。理想的人格，应该是一个"音乐的灵魂"。刘向《说苑》里有这么一段记载：

> 孔子至齐郭门外，遇婴儿，其视精，其心正，其行端。孔子曰："趣驱之，趣驱之，韶乐将作！"

他在一个婴儿的灵魂里，听到他素所倾慕的韶乐将作（子在齐闻韶，三月不知肉味）。《说苑》上这段记载，虽未必可靠，却是极有意义。可以想见孔子酷爱音乐的事迹已经谣传成为神话了。

社会生活的真精神在于亲爱精诚的团结，最能发扬和激励团结精神的是音乐！音乐使我们步调整齐，意志集中，团结的行动有力而美。中国人感到宇宙全体是大生命的流行，其本身就是节奏与和谐。人类社会生活里的礼和乐，是反射着天地的节奏与和谐。一切艺术境界都根基于此。

但西洋文艺自希腊以来所富有的"悲剧精神"，在中国艺术里，却得不到充分的发挥，且往往被拒绝和闪躲。人性由剧烈的内心矛盾才能掘发出的深度，往往被浓挚的和谐愿望所淹没。固然，中国人心灵里并不缺乏他雍穆和平大海似的幽深，然而，由心灵的冒险，不怕悲剧，以窥探宇宙人生的危岩雪岭，发而为莎士比亚的悲剧、贝多芬的乐曲，这却是西洋人生波澜壮阔的造诣！

中国绘画

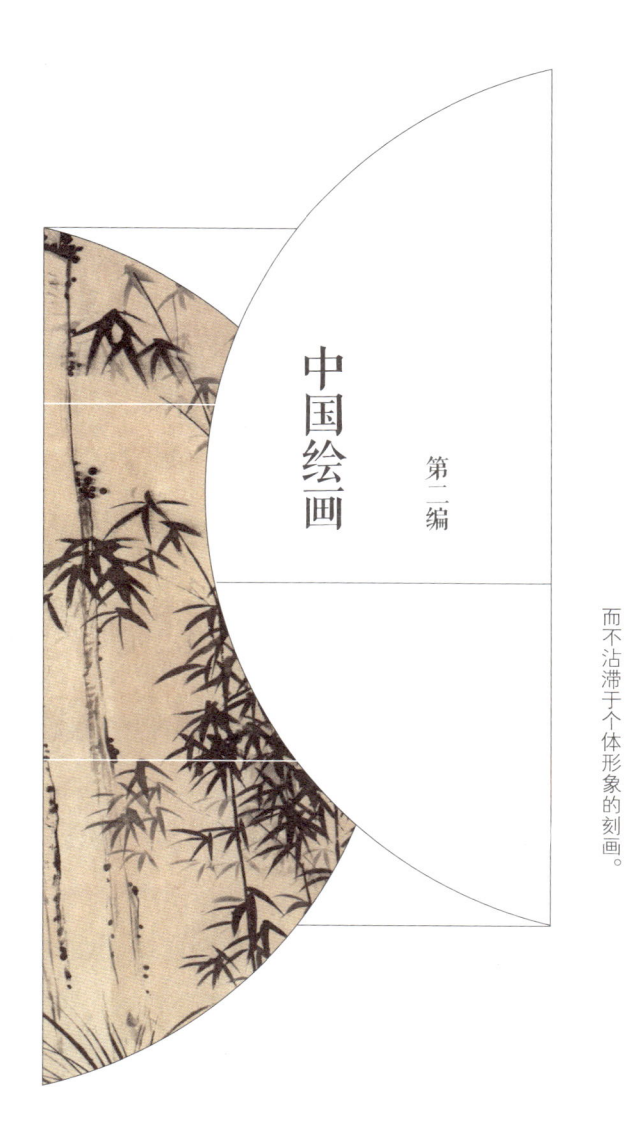

第二编

中国画,真像一种舞蹈,画家解衣盘礴,任意挥洒。他的精神与着重点在全幅的节奏生命而不沾滞于个体形象的刻画。

中国古代的绘画美学思想

一、从线条中透露出形象姿态

我们以前讲过，埃及、希腊的建筑、雕刻是一种团块的造型。米开朗琪罗说过，一个好的雕刻作品，就是从山上滚下来滚不坏的。他们的画也是团块。中国就很不同。中国古代艺术家要打破这团块，使它有虚有实，使它疏通。中国的画，我们前面引过《论语》"绘事后素"的话以及《韩非子》"客有为周君画荚者"的故事，说明特别注意线条，是一个线条的组织。中国雕刻也像画，不重视立体性，而注意在流动的线条。中国的建筑，我们以前已讲过了。中国戏曲的程式化，就是打破团块，把一整套行动，化为无数线条，再重新组织起来，成为一个最有表现力的美的形象。翁偶虹介绍郝寿臣所说的表演艺术中的"叠折儿"说，折儿是从线条中透露出形象姿态的意思。这个特点正可以借来表明中国画以至中国雕刻的特点。中国的"形"字旁就是三根毛，以三根毛来代表形体上的线条。这也说明中国艺术的形象的组织是线纹。

由于把形体化成为飞动的线条，着重于线条的流动，因此

荷兰 伦勃朗《夜巡》

使得中国的绘画带有舞蹈的意味。这从汉代石刻画和敦煌壁画（飞天）可以看得很清楚。有的线条不一定是客观实在所有的线条，而是画家的构思、画家的意境中要求一种有节奏的联系。例如东汉石画像上一幅画，有两根流动的线条就是画家凭空加上的。这使得整个形象表现得更美，同时更深一层的表现内容的内部节奏。这好比是舞台上的伴奏音乐。伴奏音乐烘托和强化舞蹈动作，使之成为艺术。用自然主义的眼光是不可能理解的。

荷兰大画家伦勃朗是光的诗人。他用光和影组成他的画，画的形象就如同从光和影里凸出的一个雕刻。法国大雕刻家罗丹的韵律也是光的韵律，中国的画却是线的韵律，光不要了，影也不要了。"客有为周君画荚者"的故事中讲的那种漆画，要等待阳光从一定角度的照射，才能突出形象，在韩非子看来，价值就不高，甚至不能算作画了。

从中国画注重线条，可以知道中国画的工具——笔墨的重要，中国的笔发达很早，殷代已有了笔，仰韶文化的陶器上已经有用笔画的鱼。在楚国墓中也发现了笔，中国的笔有极大的表现力，因此笔墨二字，不但代表绘画和书法的工具，而且代表了一种艺术境界。

我国现存的一幅时代古老的画是1949年长沙出土的晚周帛画。对于这幅画，郭沫若作了这样极有诗意的解释：

> 画中的凤与夔，毫无疑问是在斗争。夔的唯一的一只脚伸向凤颈抓拿，凤的前屈的一只脚也伸向夔腹抓拿。夔是死沓沓地绝望地拖垂着的，凤却矫健鹰扬地呈现着战胜者的神态。
>
> 的确，这是善灵战胜了恶灵，生命战胜了死亡，和平战胜了灾难。这是生命胜利的歌颂，和平胜利的歌颂。
>
> 画中的女子，我觉得不好认为巫女。那是一位很现实的正常女人的形象，并没有什么妖异的地方。从画的位置看来，女子是分明站在凤鸟一边的。因此我们可以肯定的说，画的意义是一位好心肠的女

战国 《人物龙凤帛画》

子,在幻想中祝祷着:经过斗争的生命的胜利、和平的胜利。

画的构成很巧妙地把幻想与现实交织着,充分表现着战国时代的时代精神。

虽然规模有大小的不同,和屈原的《离骚》的构成有异曲同工之妙。但比起《离骚》来，意义却还要积极一些：因为这里有斗争，而且有斗争必然胜利的信念。画家无疑是有意识地构成这个画面的，不仅布置匀称，而且意象轩昂。画家是站在时代的焦点上，牢守着现实的立场，虽然他为时代所限制，还没有可能脱尽古代的幻想。

这是中国现存的最古的一幅画，透过两千年的岁月的铅幕，我们听出了古代画工的搏动着的心音。

(《文史论集》第 296—297 页)

现在我们要注意的是，这样一幅表现了战国时代的时代精神的含义丰富的画，它的形象正是由线条组成的。换句话说，它是凭借中国画的工具——笔墨而得到表现的。

二、气韵生动和迁想妙得（见洛阳西汉墓壁画）

六朝齐的谢赫，在《古画品录》序中提出了绘画"六法"，成为中国后来绘画思想、艺术思想的指导原理。"六法"就是：（一）气韵生动；（二）骨法用笔；（三）应物象形；（四）随类赋彩；（五）经营位置；（六）传移模写。

希腊人很早就提出"模仿自然"。谢赫"六法"中的"应物象形""随类赋彩"是模仿自然，它要求艺术家睁眼看世界——形象、颜色，并把它表现出来。但是艺术家不能停留在这里，否则就是自然主义。艺术家要进一步表达出形象内部的生命，这就是"气韵生动"的要求。气韵生动，这是绘画创作追求的最高目标，最高的境界，也是绘画批评的主要标准。

气韵，就是宇宙中鼓动万物的"气"的节奏与和谐。绘画有气韵，就能给欣赏者一种音乐感。六朝山水画家宗炳，对着山水画弹琴说："欲令众山皆响"，这说明山水画里有音乐的韵律。明代画家徐渭的《驴背吟诗图》，使人产生一种驴蹄行进的节奏感，似乎听见了驴蹄"的的答答"的声音，这是画家微妙的音乐感觉的传达。其实不单绘画如此，中国的建筑、园林、雕塑中都潜伏着音乐感，即所谓"韵"。西方有的美学家说：一切的艺术都趋向于音乐。这话是有部分的真理的。

再说"生动"。谢赫提出这个美学范畴，是有历史背景的。在汉代，无论绘画、雕塑、舞蹈、杂技，都是热烈飞动、虎虎有生气的。画家喜欢画龙、画虎、画飞鸟、画舞蹈中的人物。雕塑也大多表现动物。所以，谢赫的"气韵生动"，不仅仅是提出了一个美学要求，而且首先是对于汉代以来的艺术实践的一个理论概括和总结。

谢赫以后，历代画论家对于"六法"继续有所发挥。如五代的荆浩解释"气韵"二字："气者，心随笔运，取象不惑。韵者，隐迹立形，备遗不俗。"（《笔法记》）这就是说，艺术家要

明　徐渭《驴背吟诗图》

把握对象的精神实质，取出对象的要点，同时在创造形象时又要隐去自己的笔迹，不使欣赏者看出自己的技巧。这样把自我溶化在对象里，突出对象的有代表性的方面，就成功为典型的形象了。这样的形象就能让欣赏者有丰富的想象的余地。所以黄庭坚评李龙眠的画时说，"韵"者即有余不尽。

为了达到"气韵生动"，达到对象的核心的真实，艺术家要发挥自己的艺术想象。这就是顾恺之论画时说的"迁想妙得"。一幅画既然不仅仅描写外形，而且要表现出内在神情，就要靠内心的体会，把自己的想象迁入对象形象内部去，这就叫"迁想"；经过一番曲折之后，把握了对象的真正神情，是为"妙得"。颊上三毛，可以说是"迁想妙得"了，也就是把客观对象真正特性，把客观对象的内在精神表现出来了。

顾恺之说："台榭一定器耳，难成而易好，不待迁想妙得也。"这是受了时代的限制。后来山水画发达起来以后，同样有人的灵魂在内，寄托了人的思想情感，表现了艺术家的个性。譬如倪云林画一幅茅亭，就不是一张建筑设计图，而是凝结着画家的思想情感，传达出了画家的风貌。这就同样需要"迁想妙得"。

总之，"迁想妙得"就是艺术想象，或如现在有些人用的术语：形象思维。它概括了艺术创造、艺术表现方法的特殊性。后来荆浩《笔法记》提出的图画六要中的"思"（"思者，删拨大要，凝想形物"），也就是这个"迁想妙得"。

三、骨力、骨法、风骨

前面说到，笔墨是中国画的一个重要特点。笔有笔力。卫夫人说"点如坠石"，即一个点要凝聚了过去的运动的力量。这种力量是艺术家内心的表现，但并非剑拔弩张，而是既有力，又秀气。这就叫做"骨"。"骨"就是笔墨落纸有力、突出，从内部发挥一种力量，虽不讲透视却可以有立体感，对我们产生一种感动力量。骨力、骨气、骨法，就成了中国美学中极重要的范畴，不但使用于绘画理论中（如顾恺之《魏晋胜流画赞》，几乎对每一个人的批评都要提到"骨"字），而且也使用于文学批评中（如《文心雕龙》有《风骨》篇）。

所谓"骨法"，在绘画中，粗浅来说，有如下两方面的含义。

（一）形象、色彩有其内部的核心，这是形象的"骨"。画一只老虎，要使人感到它有"骨"。"骨"，是生命和行动的支持点（引伸到精神方面，就是有气节，有骨头，站得住），是表现一种坚定的力量，表现形象内部的坚固的组织。因此"骨"也就反映了艺术家主观的感觉、感受，表现了艺术家主观的情感态度。艺术家创造一个艺术形象，就有褒贬，有爱憎，有评价。艺术家一下笔就是一个判断。在舞台上，丑角出台，音乐是轻松的，不规则的，跳动的；大将出台，音乐就变得庄严了。这种音乐伴奏，就是艺术家对人物的评价。同样，"骨"

不仅是对象内部核心的把握，同时也包含着艺术家对于人物事件的评价。

（二）"骨"的表现要依赖于"用笔"。张彦远说："夫象物必在于形似，而形似须全其骨气；骨气形似，皆本于立意而归于用笔。"（《历代名画记》）这里讲到了"骨气"和"用笔"的关系。为什么"用笔"这么要紧？这要考虑到中国画的"笔"的特点。中国画用毛笔。毛笔有笔锋，有弹性。一笔下去，墨在纸上可以呈现出轻重浓淡的种种变化。无论是点，是面，都不是几何学上的点与面（那是图案画），不是平的点与面，而是圆的，有立体感。中国画家最反对平扁，认为平扁不是艺术。就是写字，也不是平扁的。中国书法家用中锋的字，背阳光一照，正中间有道黑线，黑线周围是淡墨，叫作"绵裹铁"。圆滚滚的，产生了立体的感觉，也就是引起了"骨"的感觉。中国画家多半用中锋作画。也有用侧锋作画的。因为侧锋易造成平面的感觉，所以他们比较讲究构图的远近透视，光线的明暗，等等。这在画史上就是所谓"北宗"（以南宋的马、夏为代表）。

"骨法用笔"，并不是同"墨"没有关系。在中国绘画中，笔和墨总是相互包含、相互为用的。所以不能离开"墨"来理解"骨法用笔"。对于这一点，吕凤子有过很好的说明。他说：

南宋　夏圭《西湖柳艇图》

"赋采画"和"水墨画"有时即用彩色水墨涂染成形，不用线作形廓，旧称"没骨画"。应该知道线是点的延长，块是点的扩大；又该知道点是有体积的，点是力之积，积力成线会使人有"生死刚正"之感，叫做骨。难道同样会使人有"生死刚正"之感的点和块，就不配叫做骨吗？画不用线构成，就须用色点或墨点、色块或墨块构成。中国画是以骨为质的，这是中国画的基本特征，怎么能叫不用线构的画做"没骨画"呢？叫它做没线画是对的，叫做"没骨画"便欠妥当了。

　　这大概是由于唐宋间某些画人强调笔墨（包括色说）可以分开各尽其用而来。他们以为笔有笔用与墨无关，笔的能事限于构线，墨有墨用与笔无关，墨的能事止于涂染；以为骨成于笔不是成于墨与色的，因而叫不是由线构成而是由点块构成——即不是由笔构成而是由墨与色构成的画做"没骨画"。不知笔墨是永远相依为用的；笔不能离开墨而有笔的用，墨也不能离开笔而有墨的用。笔在墨在，即墨在笔在。笔在骨在，也就是墨在骨在。怎么能说有线才算有骨，没线便是没骨呢？我们在这里敢这样说：假使"赋采画"或"水墨画"真是没有骨的话，那还配叫它做中国画吗？

　　（《中国画法研究》第27—28页）

现在我们再来谈谈"风骨"。刘勰说："怊怅述情，必始乎风；沈吟铺辞，莫先于骨。""结言端直，则文骨成焉，意气骏爽，则文风生焉。"（《文心雕龙·风骨》）对于"风骨"的理解，现在学术界很有争论。"骨"是否只是一个词藻（铺辞）的问题？我认为"骨"和词是有关系的。但词是有概念内容的。词清楚了，它所表现的现实形象或对于形象的思想也清楚了。"结言端直"，就是一句话要明白正确，不是歪曲，不是诡辩。这种正确的表达，就产生了文骨。但光有"骨"还不够，还必须从逻辑性走到艺术性，才能感动人。所以"骨"之外还要有"风"。"风"可以动人，"风"是从情感中来的。中国古典美学理论既重视思想——表现为"骨"，又重视情感——表现为"风"。一篇有风有骨的文章就是好文章，这就同歌唱艺术中讲究"咬字行腔"一样。咬字是骨，即结言端直，行腔是风，即意气骏爽、动人情感。

四、"山水之法，以大观小"

中国画不注重从固定角度刻画空间幻景和透视法。由于中国陆地广大深远，苍苍茫茫，中国人多喜欢登高望远（重九登高的习惯），不是站在固定角度透视，而是从高处把握全面。这就形成中国山水画中"以大观小"的特点。宋代李成在画中"仰画飞檐"，沈括嘲笑他是"掀屋角"。沈括说：

北宋 李成《晴峦萧寺图》

李成画山上亭馆及楼塔之类，皆仰画飞檐，其说以谓自下望上，如人平地望塔檐间，见其榱桷。此论非也。大都山水之法，盖以大观小，如人观假山耳。若同真山之法，以下望上，只合见一重山，岂可重重悉见，兼不应见其溪谷间事。又如屋舍，亦不应见其中庭及后巷中事。若人在东立，则山西便合是远境；人在西立，则山东却合是远境。似此如何成画？李君盖不知以大观小之法。其间折高、折远，自有妙理，岂在掀屋角也！

（《梦溪笔谈》卷十七）

画家的眼睛不是从固定角度集中于一个透视的焦点，而是流动着飘瞥上下四方，一目千里，把握大自然的内部节奏，把全部景界组织成一幅气韵生动的艺术画面。"诗云：鸢飞戾天，鱼跃于渊，言其上下察也。"（《中庸》），这就是沈括说的"折高折远"的"妙理"。而从固定角度用透视法构成的画，他却认为那不是画，不成画。中国和欧洲绘画在空间观点上有这样大的不同。值得我们的注意，谁是谁非？

论中西画法的渊源和基础

人类在生活中所体验的境界与意义，有用逻辑的体系范围条理之，以表达出来的，这是科学与哲学；有在人生的实践行为或人格心灵的态度里表达出来的，这是道德与宗教。但也还有那在实践生活中体味万物的形象，天机活泼，深入"生命节奏的核心"，以自由谐和的形式，表达出人生最深的意趣，这就是"美"与"美术"。

所以美与美术的特点是在"形式"、在"节奏"，而它所表现的是生命的内核，是生命内部最深的动，是至动而有条理的生命情调。"一切的艺术都是趋向音乐的状态。"这是派脱（W.Pater）最堪玩味的名言。

美术中所谓形式，如数量的比例、形线的排列（建筑）、色彩的和谐（绘画）、音律的节奏，都是抽象的点、线、面、体或声音的交织结构。为了集中地提高地和深入地反映现实的形象及心情诸感，使人在摇曳荡漾的律动与谐和中窥见真理，引人发无穷的意趣、绵缈的思想。

古希腊　帕特农神庙（图片来源：Flickr 网站　摄影：Gary Todd　图片有修改）

所以形式的作用可以别为三项：

（一）美的形式的组织，使一片自然或人生的内容自成一独立的有机体的形象，引动我们对它能有集中的注意、深入的体验。"间隔化"是"形式"的消极的功用。美的对象之第一步需要间隔。图画的框、雕像的石座、堂宇的栏干台阶、剧台的帘幕（新式的配光法及观众坐黑暗中）、从窗眼窥青山一角、登高俯瞰黑夜幕罩的灯火街市，这些美的境界都是由各种间隔作用造成。

（二）美的形式之积极的作用是组织、集合、配置。一言蔽之是构图。使片景孤境能织成一内在自足的境界，无待于外而自成一意义丰满的小宇宙，启示着宇宙人生的更深一层的真实。

希腊大建筑家以极简单朴质的形体线条构造典雅庙堂，使人千载之下瞻赏之犹有无穷高远圣美的意境，令人不能忘怀。

（三）形式之最后与最深的作用，就是它不只是化实相为空灵，引人精神飞越，超入美境；而尤在它能进一步引人"由美入真"，深入生命节奏的核心。世界上唯有最生动的艺术形式——如音乐、舞蹈姿态、建筑、书法、中国戏面谱、钟鼎彝器的形态与花纹——乃最能表达人类不可言、不可状之心灵姿式与生命的律动。

每一个伟大的时代，伟大的文化，都欲在实用生活之余裕，或在社会的重要典礼，以庄严的建筑、崇高的音乐、闳丽的舞蹈，表达这生命的高潮、一代精神的最深节奏（北平天坛及祈年殿是象征中国古代宇宙观最伟大的建筑）。建筑形体的抽象结构、音乐的节律与和谐、舞蹈的线纹姿式，乃最能表现吾人深心的情调与律动。

吾人借此返于"失去了的和谐，埋没了的节奏"，重新获得生命的中心，乃得真自由、真生命。美术对于人生的意义与价值在此。

中国的瓦木建筑易于毁灭，圆雕艺术不及希腊发达，古代封建礼乐生活之形式美也早已破灭。民族的天才乃借笔墨的飞舞，写胸中的逸气（逸气即是自由的超脱的心灵节奏）。所以中国画法不重具体物象的刻画，而倾向抽象的笔墨表达人格心情与意境。中国画是一种建筑的形线美、音乐的节奏美、舞蹈的姿态美。其要素不在机械的写实，而在创造意象，虽然它的出发点也极重写实，如花鸟画写生的精妙，为世界第一。

中国画，真像一种舞蹈，画家解衣盘礴，任意挥洒。他的精神与着重点在全幅的节奏生命而不沾滞于个体形象的刻画。画家用笔墨的浓淡，点线的交错，明暗虚实的互映，形体气势的开合，谱成一幅如音乐如舞蹈的图案。物体形象固宛然在目，然而飞动摇曳，似真似幻，完全溶解浑化在笔墨点线的互流交错之中！

西洋自埃及、希腊以来传统的画风，是在一幅幻现立体空间的画境中描出圆雕式的物体。特重透视法、解剖学、光影凸凹的晕染。画境似可走进，似可手摩，它们的渊源与背景是埃及、希腊的雕刻艺术与建筑空间。

在中国则人体圆雕远不及希腊发达，亦未臻最高的纯雕刻风味的境界。晋、唐以来塑像反受画境影响，具有画风。杨惠之的雕塑是和吴道子的绘画相通。不似希腊的立体雕刻成为西洋后来画家的范本。而商、周钟鼎敦尊等彝器则形态沉重浑穆、典雅和美，其表现中国宇宙情绪可与希腊神像雕刻相当。中国的画境、画风与画法的特点当在此种钟鼎彝器盘鉴的花纹图案及汉代壁画中求之。

在这些花纹中人物、禽兽、虫鱼、龙凤等飞动的形象，跳

汉代画像石

跃宛转，活泼异常。但它们完全溶化浑合于全幅图案的流动花纹线条里面。物象融于花纹，花纹亦即原本于物象形线的蜕化、僵化。每一个动物形象是一组飞动线纹之节奏的交织，而融合在全幅花纹的交响曲中。它们个个生动，而个个抽象化，不雕凿凹凸立体的形似，而注重飞动姿态之节奏和韵律的表现。这内部的运动，用线纹表达出来的，就是物的"骨气"（张彦远《历代名画记》云："古之画或遗其形似而尚其骨气。"）。骨是主持"动"的肢体，写骨气即是写着动的核心。中国绘画六法中之"骨法用笔"，即系运用笔法把捉物的骨气以表现生命动象。所谓"气韵生动"是骨法用笔的目标与结果。

在这种点线交流的律动的形象里面，立体的、静的空间失去意义，它不复是位置物体的间架。画幅中飞动的物象与"空白"处处交融，结成全幅流动的虚灵的节奏。空白在中国画里不复是包举万象位置万物的轮廓，而是溶入万物内部，参加万象之动的虚灵的"道"。画幅中虚实明暗交融互映，构成飘渺浮动的絪缊气韵，真如我们目睹的山川真景。此中有明暗、有凹凸、有宇宙空间的深远，但却没有立体的刻画痕；亦不似西洋油画如可走进的实景，乃是一片神游的意境。因为中国画法以抽象的笔墨把捉物象骨气，写出物的内部生命，则"立体体积"的"深度"之感也自然产生，正不必刻画雕凿，渲染凹凸，反失真态，流于板滞。

然而，中国画既超脱了刻板的立体空间、凹凸实体及光线阴影，于是它的画法乃能笔笔灵虚，不滞于物，而又笔笔写实，为物传神。唐志契的《绘事微言》中有句云："墨沈留川影，笔花传石神。"笔不滞于物，笔乃留有余地，抒写作家自己胸中浩荡之思、奇逸之趣。而引书法入画乃成中国画第一特点。董其昌云："以草隶奇字之法为之，树如屈铁，山如画沙，绝去甜俗蹊径，乃为士气。"中国特有的艺术"书法"实为中国绘画的骨干，各种点线皴法溶解万象超入灵虚妙境，而融诗心、诗境于画景，亦成为中国画第二特色。中国乐教失传，诗人不能弦歌，乃将心灵的情韵表现于书法、画法。书法尤为代替音乐的抽象艺术。在画幅上题诗写字，借书法以点醒画中的笔法，借诗句以衬出画中意境，而并不觉其破坏画景（在西洋油画上题句即破坏其写实幻境），这又是中国画可注意的特色，因中、西画法所表现的"境界层"根本不同：一为写实的，一为虚灵的；一为物我对立的，一为物我浑融的。中国画以书法为骨干，以诗境为灵魂，诗、书、画同属于一境层。西画以建筑空间为间架，以雕塑人体为对象，建筑、雕刻、油画同属于一境层。中国画运用笔勾的线纹及墨色的浓淡直接表达生命情调，透入物象的核心，其精神简淡幽微，"洗尽尘滓，

明　董其昌《芳树遥峰图》

独存孤迥"。唐代大批评家张彦远说:"得其形似,则无其气韵。具其彩色,则失其笔法。"遗形似而尚骨气,薄彩色以重笔法。"超以象外,得其环中",这是中国画宋元以后的趋向。然而形似逼真与色彩浓丽,却正是西洋油画的特色。中西绘画的趋向不同如此。

商、周的钟鼎彝器及盘鉴上图案花纹进展而为汉代壁画,人物、禽兽已渐从花纹图案的包围中解放,然在汉画中还常看到花纹遗迹环绕起伏于人兽飞动的姿态中间,以联系呼应全幅的节奏。东晋顾恺之的画全从汉画脱胎,以线纹流动之美(如春蚕吐丝)组织人物衣褶,构成全幅生动的画面。而中国人物画之发展乃与西洋大异其趣。西洋人物画脱胎于希腊的雕刻,以全身肢体之立体的描摹为主要。中国人物画则一方着重眸子的传神,另一方则在衣褶的飘洒流动中,以各式线纹的描法表现各种性格与生命姿态。南北朝时印度传来西方晕染凹凸阴影之法,虽一时有人模仿(张僧繇曾于一乘寺门上画凹凸花,远望眼晕如真),然终为中国画风所排斥放弃,不合中国心理。中国画自有它独特的宇宙观点与生命情调,一贯相承,至宋元山水画、花鸟画发达,它的特殊画风更为显著。以各式抽象的点、线渲皴擦摄取万物的骨相与气韵,其妙处尤在点画离披,时见缺落,逸笔撇脱,若断若续,而一点一拂,具含气韵。以丰富的暗示力与象征力代形象的实写,超脱而浑厚。大痴山人画山水,苍苍莽莽,浑化无迹,而气韵蓬松,得山川的元气;

其最不似处、最荒率处，最为得神。似真似梦的境界涵浑在一无形无迹，而又无往不在的虚空中："色即是空，空即是色。"气韵流动，是诗、是音乐、是舞蹈，不是立体的雕刻！

中国画，既以"气韵生动"即"生命的律动"为终始的对象，而以笔法取物之骨气，所谓"骨法用笔"为绘画的手段，于是晋谢赫的六法以"应物象形""随类赋彩"之模仿自然，及"经营位置"之研究和谐、秩序、比例、匀称等问题列在三四等地位。然而这"模仿自然"及"形式美"，即和谐、比例等，却系占据西洋美学思想发展之中心的二大中心问题。希腊艺术理论尤不能越此范围。[1] 惟逮至近代西洋人"浮士德精神"的发展，美学与艺术理论中乃产生"生命表现"及"情感移入"等问题。而西洋艺术亦自二十世纪起乃思超脱这传统的观点，辟新宇宙观，于是有立体主义、表现主义等对传统的反动，然终系西洋绘画中所产生的纠纷，与中国绘画的作风立场究竟不相同。

西洋文化的主要基础在希腊，西洋绘画的基础也就在希腊的艺术。希腊民族是艺术与哲学的民族，而它在艺术上最高的表现是建筑与雕刻。希腊的庙堂圣殿是希腊文化生活的中心。它们清丽高雅、庄严朴质，尽量表现"和谐、匀称、整齐、凝重、静穆"的形式美。远眺雅典圣殿的柱廊，真如一

---

[1] 参看拙文：《哲学与艺术——希腊大哲学家的艺术理论》。——原注

曲凝住了的音乐。哲学家毕达哥拉斯视宇宙的基本结构，是在数量的比例中表示着音乐式的和谐。希腊的建筑确象征了这种形式严整的宇宙观。柏拉图所称为宇宙本体的"理念"，也是一种合于数学形体的理想图形。亚里士多德也以"形式"与"质料"为宇宙构造的原理。当时以"和谐、秩序、比例、平衡"为美的最高标准与理想，几乎是一班希腊哲学家与艺术家共同的论调，而这些也是希腊艺术美的特殊征象。

然而希腊艺术除建筑外，尤重雕刻。雕刻则系模范人体，取象"自然"。当时艺术家竞以写幻逼真为贵。于是"模仿自然"也几乎成为希腊哲学家、艺术家共同的艺术理论。柏拉图因艺术是模仿自然而轻视它的价值。亚里士多德也以模仿自然说明艺术。这种艺术见解与主张系由于观察当时盛行的雕刻艺术而发生，是无可怀疑的。雕刻的对象"人体"是宇宙间具体而微，近而静的对象。进一步研究透视术与解剖学自是当然之事。中国绘画的渊源基础却系在商周钟鼎镜盘上所雕绘大自然深山大泽的龙蛇虎豹、星云鸟兽的飞动形态，而以卍字纹、回纹等连成各式模样以为底，借以象征宇宙生命的节奏。它的境界是一全幅的天地，不是单个的人体。它的笔法是流动有律的线纹，不是静止立体的形象。当时人尚系在山泽原野中与天地的大气流衍及自然界奇禽异兽的活泼生命相接触，且对之有神魔的感觉（《楚辞》中所表现的境界）。他们从深心里感觉万物有神魔的生命与力量。所以他们雕绘的生

古希腊 《断臂的维纳斯》

物也琦玮诡谲，呈现异样的生气魔力。（近代人视宇宙为平凡，绘出来的境界也就平凡。所写的虎豹是动物园铁栏里的虎豹，自缺少深山大泽的气象。）希腊人住在文明整洁的城市中，地中海日光朗丽，一切物象轮廓清楚。思想亦游泳于清明的逻辑与几何学中。神秘奇诡的幻感渐失，神们也失去深沉的神秘性，只是一种在高明愉快境域里的人生。人体的美，是他们的渴念。在人体美中发现宇宙的秩序、和谐、比例、平衡，即是发现"神"，因为这些即是宇宙结构的原理，神的象征。人体雕刻与神殿建筑是希腊艺术的极峰，它们也确实表现了希腊人的"神的境界"与"理想的美"。

西洋绘画的发展也就以这两种伟大艺术为背景、为基础，而决定了它特殊的路线与境界。

希腊的画，如庞贝古城遗迹所见的壁画，可以说是移雕像于画面，远看直如立体雕刻的摄影。立体的圆雕式的人体静坐或站立在透视的建筑空间里。后来西洋画法所用油色与毛刷尤适合于这种雕塑的描形。以这种画与中国古代花纹图案画或汉代南阳及四川壁画相对照，其动静之殊令人惊异。一为飞动的线纹，一为沉重的雕像。谢赫的六法以气韵生动为首目，确系说明中国画的特点，而中国哲学如《易经》以"动"说明宇宙人生（天行健，君子以自强不息），正与中国艺术精神相表里。

希腊艺术理论既因建筑与雕刻两大美术的暗示，以"形式

古罗马　庞贝古城壁画

美"（即基于建筑美的和谐、比例、对称平衡等）及"自然模仿"（即雕刻艺术的特性）为最高原理，于是理想的艺术创作即系在模仿自然的实相中同时表达出和谐、比例、平衡、整齐的形式美。一座人体雕像须成为一"典范的"，即具体形象溶合于标准形式，实现理想的人像，所谓柏拉图的"理念"。希腊伟大的雕刻确系表现那柏拉图哲学所发挥的理念世界。它们的人体雕像是人类永久的理想典范，是人世间的神境。这位轻视当时艺术的哲学家，不料他的"理念论"反成希腊艺术适合的注释，且成为后来千百年西洋美学与艺术理论的中心概念与问题。

西洋中古时的艺术文化因基督教的禁欲思想，不能有希腊的茂盛，号称黑暗时期。然而哥特式（gothic）的大教堂高耸入云，表现强烈的出世精神，其雕刻神像也全受宗教热情的支配，富于表现的能力，实灌输一种新境界、新技术给与西洋艺术。然而须近代西洋人始能重新了解它的意义与价值。（前之如歌德，近之如法国罗丹及德国的艺术学者。而近代浪漫主义、表现主义的艺术运动，也于此寻找他们的精神渊源。）

十五、十六世纪"文艺复兴"的艺术运动则远承希腊的立场而更渗入近代崇拜自然、陶醉现实的精神。这时的艺术有两大目标，即"真"与"美"。所谓真，即系模范自然，刻意写实。当时大天才（画家、雕刻家、科学家）达·芬奇（L.da Vinci）在他著名的《画论》中说："最可夸奖的绘画是最能形似的绘画。"他们所描摹的自然以人体为中心，人体的造像又以希腊的雕刻为范本。所以达·芬奇又说："圆描（即立体的雕塑式的描绘法）是绘画的主体与灵魂"。（按：中国的人物画系一组流动线纹之节律的组合，其每一线有独立的意义与表现，以参加全体点线音乐的交响曲。西画线条乃为描画形体轮廓或皴擦光影明暗的一分子，其结果是隐没在立体的幻象里，不见其痕迹，真可谓隐迹立形。中国画则正在独立的点线皴擦中表现境界与风格。然而亦由于中、西绘画工具之不同。中国的墨色若一刻画，即失去光彩气韵。西洋油色的描绘不惟幻出立体，且有明暗闪耀烘托无限情韵，可称"色彩的诗"。而轮廓及衣褶线纹亦有其来自希腊雕刻的高贵的美。）达·芬奇这句话道出了西洋画的特点。移雕刻入画面

意大利 达·芬奇《素描》

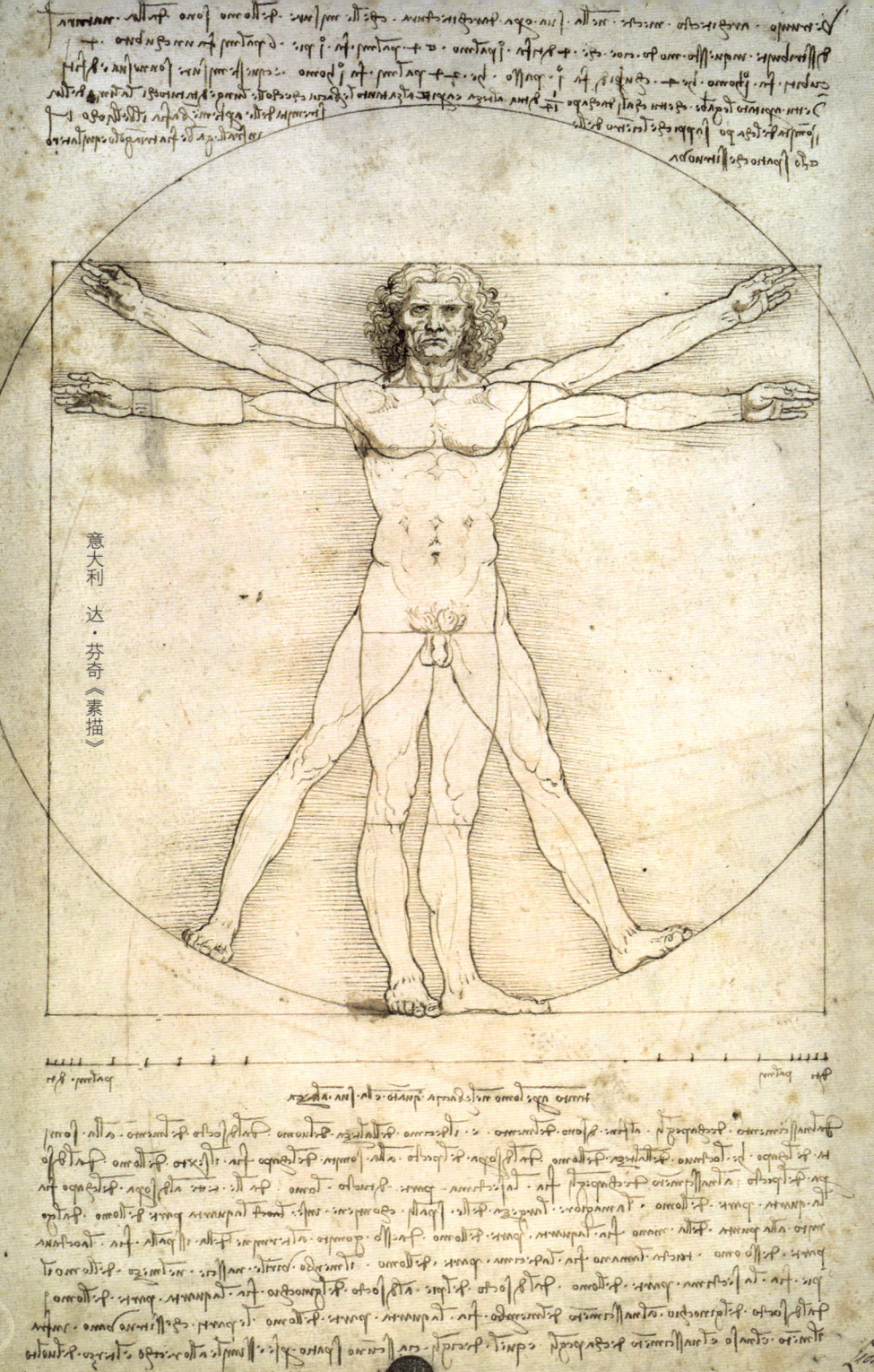

是西洋画传统的立场。因着重极端的求"真",艺术家从事人体的解剖,以祈认识内部构造的真相。尸体难得且犯禁,艺术家往往黑夜赴坟地盗尸,斗室中灯光下秘密支解,若有无穷意味。达·芬奇也曾亲手解剖男女尸体 30 余具,雕刻家唐迪(Donti)自夸曾手剖 83 具尸体之多。这是西洋艺术家的科学精神及西洋艺术的科学基础。还有一种科学也是西洋艺术的特殊观点所产生,这就是极为重要的透视学。绘画既重视自然对象之立体的描摹,而立体对象是位置在三进向的空间,于是极重要的透视术乃被建筑家卜鲁勒莱西(Brunelleci)于十五世纪初期发现,建筑家阿柏蒂(Alberti)第一次写成书。透视学与解剖学为西洋画家所必修,就同书法与诗为中国画家所必涵养一样。而阐发这两种与西洋油画有如此重要关系之学术者为大雕刻家与建筑家,也就同阐发中国画理论及提高中国画地位者为诗人、书家一样。

　　求真的精神既如上述,求真之外则求"美",为文艺复兴时画家之热烈的憧憬。真理披着美丽的外衣,寄"自然模仿"于"和谐形式"之中,是当时艺术家的一致的企图。而和谐的形式美则又以希腊的建筑为最高的典范。希腊建筑如巴泰龙(Parthenon)的万神殿表象着宇宙永久秩序:庄严整齐,不愧神灵的居宅。大建筑学家阿柏蒂在他的名著《建筑论》中说:"美即是各部分之谐合,不能增一分,不能减一分。"又说:"美是一种协调,一种和声。各部会归于全体,依据数量关系与秩序，适如最圆满之自然律'和谐'所要求。"于此可见文艺复兴所追求的美仍是踵步希腊，以亚里士多德所谓"复杂中之统一"（形式和谐）为美的准则。

"模仿自然"与"和谐的形式"为西洋传统艺术（所谓古典艺术）的中心观念已如上述。模仿自然是艺术的"内容"，形式和谐是艺术的"外形"，形式与内容乃成西洋美学史的中心问题。在中国画学的六法中则"应物象形"（即模仿自然）与"经营位置"（即形式和谐）列在第三第四的地位。中、西趋向之不同，如此可见。然则西洋绘画不讲求气韵生动与骨法用笔么？似又不然！

西洋画因脱胎于希腊雕刻，重视立体的描摹；而雕刻形体之凹凸的显露实又凭借光线与阴影。画家用油色烘染出立体的凹凸，同时一种光影的明暗闪动跳跃于全幅画面，使画境空灵生动，自生气韵。故西洋油画表现气韵生动，实较中国色彩为易。而中国画则因工具写光困难，乃另辟蹊径，不在刻画凸凹的写实上求生活，而舍具体、趋抽象，于笔墨点线皴擦的表现力上见本领。其结果则笔情墨韵中点线交织，成一音乐性的"谱构"。其气韵生动为幽淡的、微妙的、静寂的、洒落的，没有彩色的喧哗炫耀，而富于心灵的幽深淡远。

中国画运用笔法墨气以外取物的骨相神态，内表人格心灵。不敷彩色而神韵骨气已足。西洋画则各人有各人的"色调"以表现各个性所见色相世界及自心的情韵。色彩的音乐与点线的音乐各有所长。中国画以墨调色,其浓淡明晦,映发光彩,相等于油画之光。清人沈宗骞在《芥舟学画编》里论人物画法说:"盖画以骨格为主。骨干只须以笔墨写出,笔墨有神,则未设色之前,天然有一种应得之色,隐现于衣裳环佩之间,因而附之,自然深浅得宜,神彩焕发。"在这几句话里又看出中国画的笔墨骨法与西洋画雕塑式的圆描法根本取象不同,又看出彩色在中国画上的地位,系附于笔墨骨法之下,宜于简淡,不似在西洋油画中处于主体地位。虽然"一切的艺术都是趋向音乐",而华堂弦响与明月箫声,其韵调自别。

西洋文艺复兴时代的艺术虽根基于希腊的立场,着重自然模仿与形式美,然而一种近代人生的新精神,已潜伏滋生。"积极活动的生命"和"企向无限的憧憬",是这新精神的内容。热爱大自然,陶醉于现世的美丽;眷念于光、色、空气。绘画上的彩色主义替代了希腊云石雕像的净素妍雅。所谓"绘画的风俗"继古典主义之"雕刻的风格"而兴起。于是古典主义与浪漫主义,印象主义、写实主义与表现主义、立体主义的争执支配了近代的画坛。然而西洋油画中所谓"绘画的风格",重明暗光影的韵调,仍系来源于立体雕刻上的阴影及其光的氛围。罗丹的雕刻就是一种"绘画风格"的雕刻。西洋油画境界是光影的气韵包围着立体雕像的核心。其"境界层"与中国画的抽象笔墨之超实相的结构终不相同。就是近代的印象主义,也不外乎是极端的描摹目睹的印象(渊源于模仿

古埃及壁画

自然）。所谓立体主义，也渊源于古代几何形式的构图，其远祖在埃及的浮雕画及希腊艺术史中"几何主义"的作风。后期印象派重视线条的构图，颇有中国画的意味，然他们线条画的运笔法终不及中国的流动变化、意义丰富，而他们所表达的宇宙观点仍是西洋的立场，与中国根本不同。中画、西画各有传统的宇宙观点，造成中、西两大独立的绘画系统。

现在将这两方不同的观点与表现法再综述一下，以结束这篇短论：

（一）中国画所表现的境界特征，可以说是根基于中国民族的基本哲学，即《易经》的宇宙观：阴阳二气化生万物，万物皆禀天地之气以生，一切物体可以说是一种"气积"（庄子：天，积气也）。这生生不已的阴阳二气织成一种有节奏的生命。中国画的主题"气韵生动"，就是"生命的节奏"或"有节奏的生命"。伏羲画八卦，即是以最简单的线条结构表示宇宙万象的变化节奏。后来成为中国山水花鸟画的基本境界的老、庄思想及禅宗思想也不外乎于静观寂照中，求返于自己深心的心灵节奏，以体合宇宙内部的生命节奏。中国画自伏羲八卦、商周钟鼎图花纹、汉代壁画、顾恺之以后历唐、宋、元、明，皆是运用笔法、墨法以取物象的骨气，物象外表的凹凸阴影终不愿刻画，以免笔滞于物。所以虽在六朝时受外来印度影响，输入晕染法，然而中国人则终不愿描写从"一个光泉"所看见的光线及阴影，如目睹的立体真景。而将全幅意境谱入一明暗虚实的节奏中，"神光离合，乍阴乍阳"（《洛神赋》语），以表现全宇宙的气韵生命，笔墨的点线皴擦既从刻画实体中解放出来，乃更能自由表达作者自心意匠的构图。画幅中每一丛林、一堆石，皆成一意匠的结构，神韵意趣超妙，如音乐的一节。气韵生动，由此产生。书法与诗和中国画的关系也由此建立。

（二）西洋绘画的境界，其渊源基础在于希腊的雕刻与建筑（其远祖尤在埃及浮雕及容貌画）。以目睹的具体实相融合于和谐整齐的形式，是他们的理想（希腊几何学研究具体物形中之普遍形象，西洋科学研究具体之物质运动，符合抽象的数理公式，盖有同样的精神）。雕刻形体上的光影凹凸利用油色晕染移入画面，其光彩明暗及

东晋　顾恺之《洛神赋图》（局部）

颜色的鲜艳流丽构成画境之气韵生动。近代绘风更由古典主义的雕刻风格进展为色彩主义的绘画风格，虽象征了古典精神向近代精神的转变，然而它们的宇宙观点仍是一贯的，即"人"与"物"、"心"与"境"的对立相视。不过希腊的古典的境界是有限的具体宇宙包含在和谐宁静的秩序中，近代的世界观是一无穷的力的系统在无尽的交流的关系中。而人与这世界对立，或欲以小己体合于宇宙，或思戡天役物，申张人类的权力意志，其主客观对立的态度则为一致（心、物及主观、客观问题始终支配了西洋哲学思想）。

而这物、我对立的观点，亦表现于西洋画的透视法。西画的景物与空间是画家立在地上平视的对象，由一固定的主观立场所看见的客观境界，貌似客观实颇主观（写实主义的极点就成了印象主义）。就是近代画风爱写无边天际的风光，仍是目睹具体的有限境界，不似中国画所写近景一树一石也是虚灵的、表象的。中国画的透视法是提神太虚，从世外鸟瞰的立场观照全整的律动的大自然，他的空间立场是在时间中徘徊移动，游目周览，集合数层与多方的视点谱成一幅超象虚灵的诗情画境（产生了中国特有的手卷画）。所以它的境界偏向远景。"高远、深远、平远"，是构成中国透视法的"三远"。在这远景里看不见刻画显露的凹凸及光线阴影。浓丽的色彩也隐没于轻烟淡霭。一片明暗的节奏表象着全幅宇宙的氤氲的气韵，正符合中国心灵蓬松潇洒的意境。故中国画的境界似乎主观而实为一片客观的全整宇宙，和中国哲学及其他精神方面一样。"荒寒""洒落"是心襟超脱的中国画家所认为最高的境界（元代大画家多为山林隐逸，画境最富于荒寒之趣），其体悟自然生命之深透，可称空前绝后，有如希腊人之启示人体的神境。

中国画因系鸟瞰的远景，其仰眺俯视与物象之距离相等，故多爱写长方立轴以揽自上至下的全景。数层的明暗虚实构成全幅的气韵与节奏。西洋画因系对立的平视，故多用近立方形的横幅以幻现自近至远的真景。而光与阴影的互映构成全幅的气韵流动。

中国画的作者因远超画境，俯瞰自然，在画境里不易寻得作家的立场，一片荒凉，似是无人自足的境界。（一幅西洋油画则须寻找得作家自己的立脚观点以鉴赏之。）然而中国作家的人格个性反

明 沈周《庐山高图》

因此完全融化潜隐在全画的意境里，尤表现在笔墨点线的姿态意趣里面。

还有一件可注意的事，就是我们东方另一大文化区印度绘画的观点，却系与西洋希腊精神相近，虽然它在色彩的幻美方面也表现了丰富的东方情调。印度绘法有所谓"六分"，梵云"萨邓迦"，相传在西历第三世纪始见记载，大约也系综括前人的意见，如中国谢赫的六法，其内容如下：

（1）形象之知识；（2）量及质之正确感受；（3）对于形体之情感；（4）典雅及美之表示；（5）逼似真相；（6）笔及色之美术的用法。①

综观六分，颇乏系统次序。其（1）（2）（3）（5）条不外乎模仿自然，注重描写形象质量的实际。其（4）条则为形式方面的和谐美。其（6）条属于技术方面。全部思想与希腊艺术论之特重"自然模仿"与"和谐的形式"洽相吻合。希腊人、印度人同为阿利安人种，其哲学思想与宇宙观念颇多相通的地方。艺术立场的相近也不足异了。魏晋六朝间，印度画法输入中国，不啻即是西洋画法开始影响中国，然而中国吸取它的晕染法而变化之，以表现自己的气韵生动与明暗节奏，却不袭取它凹凸阴影的刻画，仍不损害中国特殊的观点与作风。

然而中国画趋向抽象的笔墨，轻烟淡彩，虚灵如梦，洗净

---

① 见吕凤子《中国画与佛教之关系》，载《金陵学报》。——原注

铅华，超脱暄丽耀彩的色相，却违背了"画是眼睛的艺术"之原始意义。"色彩的音乐"在中国画久已衰落。（近见唐代式壁画，敷色浓丽，线条劲秀，使人联想文艺复兴初期画家薄蒂采丽的油画。）幸宋、元大画家皆时时不忘以"自然"为师，于造化絪缊的气韵中求笔墨的真实基础。近代画家如石涛，亦游遍山川奇境，运奇姿纵横的笔墨，写神会目睹的妙景，真气远出，妙造自然。画家任伯年则更能于花卉翎毛，表现精深华妙的色彩新境，为近代少有的色彩画家，令人反省绘画原来的使命。然而此外则颇多一味模仿传统的形式，外失自然真感，内乏性灵生气，目无真景，手无笔法。既缺绚丽灿烂的光色以与西画争胜，又遗失了古人雄浑流丽的笔墨能力。艺术本当与文化生命同向前进；中国画此后的道路，不但须恢复我国传统运笔线纹之美及其伟大的表现力，尤当倾心注目于彩色流韵的真景，创造浓丽清新的色相世界。更须在现实生活的体验中表达出时代的精神节奏。因为一切艺术虽是趋向音乐，止于至美，然而它最深最后的基础仍是在"真"与"诚"。

中西画法所表现的空间意识

中西绘画里一个顶触目的差别，就是画面上的空间表现。我们先读一读一位清代画家邹一桂对于西洋画法的批评，可以见到中画之传统立场对于西画的空间表现持一种不满的态度。

邹一桂说："西洋人善勾股法，故其绘画于阴阳远近，不差锱黍，所画人物、屋树，皆有日影。其所用颜色与笔，与中华绝异。布影由阔而狭，以三角量之。画宫室于墙壁，令人几欲走进。学者能参用一二，亦具醒法。但笔法全无，虽工亦匠，故不入画品。"

邹一桂说西洋画笔法全无，虽工亦匠，自然是一种成见。西画未尝不注重笔触，未尝不讲究意境。然而邹一桂却无意中说出中西画的主要差别点，而指出西洋透视法的三个主要画法：

（一）几何学的透视画法。画家利用与画面成直角诸线悉集合于一视点，与画面成任何角诸线悉集于一焦点，物体前后交错互掩，形线按距离缩短，以衬出远近。邹一桂所谓西洋

英国　透纳《贝亚湾，阿波罗与女先知》

人善勾股，于远近不差锱黍。然而实际上我们的视觉的空间并不完全符合几何学透视，艺术亦不拘泥于科学。

（二）光影的透视法。由于物体受光，显出明暗阴阳，圆浑带光的体积，衬托烘染出立体空间。远近距离因明暗的层次而显露。但我们主观视觉所看见的明暗，并不完全符合客观物理的明暗差度。

（三）空气的透视法。人与物的中间不是绝对的空虚。这中间的空气含着水分和尘埃。地面山川因空气的浓淡阴晴，色调变化，显出远近距离。在西洋近代风景画里这空气透视法常被应用着。英国大画家杜耐（Turner）是此中圣手。但邹一桂对于这种透视法没有提到。

邹一桂所诟病于西洋画的是笔法全无,虽工亦匠,我们前面已说其不确。不过西画注重光色渲染,笔触往往隐没于形象的写实里。而中国绘画中的"笔法"确是主体。我们要了解中国画里的空间表现,也不妨先从那邹一桂所提出的笔法来下手研究。

原来人类的空间意识,照康德哲学的说法,是直觉性的先验格式,用以罗列万象,整顿乾坤。然而我们心理上的空间意识的构成,是靠着感官经验的媒介。我们从视觉、触觉、动觉、体觉,都可以获得空间意识。视觉的艺术如西洋油画,给与我们一种光影构成的明暗闪动茫昧深远的空间(伦勃朗的画是典范),雕刻艺术给与我们一种圆浑立体可以摩挲的坚实的空间感觉。(中国三代铜器、希腊雕刻及西洋古典主义绘画给与这种空间感。)建筑艺术由外面看也是一个大立体如雕刻,内部则是一种直横线组合的可留可步的空间,富于几何学透视法的感觉。有一位德国学者 Max Schneider 研究我们音乐的欣赏里也听到空间境界,层层远景。歌德说,建筑是冰冻住了的音乐。可见时间艺术的音乐和空间艺术的建筑还有暗通之点。至于舞蹈艺术在它回旋变化的动作里也随时显示起伏流动的空间形式。

每一种艺术可以表出一种空间感形,并且可以互相移易地表现它们的空间感形。西洋绘画在希腊及古典主义画风里所表现的是偏于雕刻的和建筑的空间意识。文艺复兴以后,发展到印象主义,是绘画风格的绘画,空间情绪寄托在光影彩色明暗里面。

那么，中国画中的空间意识是怎样？我说：它是基于中国的特有艺术书法的空间表现力。

中国画里的空间构造，既不是凭借光影的烘染衬托（中国水墨画并不是光影的实写，而仍是一种抽象的笔墨表现），也不是移写雕像立体及建筑的几何透视，而是显示一种类似音乐或舞蹈所引起的空间感形。确切地说：是一种"书法的空间创造"。中国的书法本是一种类似音乐或舞蹈的节奏艺术。它具有形线之美，有情感与人格的表现。它不是摹绘实物，却又不完全抽象，如西洋字母而保有暗示实物和生命的姿式。中国音乐衰落，而书法却代替了它成为一种表达最高意境与情操的民族艺术。三代以来，每一个朝代有它的"书体"，表现那时代的生命情调与文化精神。我们几乎可以从中国书法风格的变迁来划分中国艺术史的时期，像西洋艺术史依据建筑风格的变迁来划分一样。

中国绘画以书法为基础，就同西画通于雕刻建筑的意匠。我们现在研究书法的空间表现力，可以了解中国画的空间意识。

书画的神彩皆生于用笔。用笔有三忌，就是板、刻、结。"板"者"腕弱笔痴，全亏取与，状物平扁，不能圆混"。[1] 用

---

[1] 见郭若虚《图画见闻志》。——原注

笔不板，就能状物不平扁而有圆浑的立体味。中国的字不像西洋字由多寡不同的字母所拼成，而是每一个字占据齐一固定的空间，而是在写字时用笔画，如横、直、撇、捺、钩、点（永字八法曰侧、勒、努、趯、策、掠、啄、磔），结成一个有筋有骨有血有肉的"生命单位"，同时也就成为一个"上下相望，左右相近。四隅相招，大小相副，长短阔狭，临时变适"（见运笔姿势诀），"八方点画环拱中心"（见盛熙明《法书考》）的一个"空间单位"。

　　中国字若写得好，用笔得法，就成功一个有生命有空间立体味的艺术品。若字和字之间，行与行之间，能"偃仰顾盼，阴阳起伏，如树木之枝叶扶疏，而彼此相让，如流水之沦漪杂见，而先后相承"，这一幅字就是生命之流，一回舞蹈，一曲音乐。唐代张旭见公孙大娘舞剑器，因悟草书；吴道子观裴将军舞剑而画法益进。书画都通于舞。它的空间感觉也同于舞蹈与音乐所引起的力线律动的空间感觉。书法中所谓气势，所谓结构，所谓力透纸背，都是表现这书法的空间意境。一件表现生动的艺术品，必然地同时表现空间感。因为一切动作以空间为条件，为间架。若果能状物生动，像中国画绘一枝竹影，几叶兰草，纵不画背景环境，而一片空间，宛然在目，风光日影，如绕前后。又如中国剧台，毫无布景，单凭动作暗示景界。（尝见一幅八大山人画鱼，在一张白纸的中心勾点寥寥数笔，一条极生动的鱼，别无所有，然而顿觉满纸江湖，烟波无尽。）

清 郑燮《兰竹图》

中国人画兰竹，不像西洋人写静物，须站在固定地位，依据透视法画出。他是临空地从四面八方抽取那迎风映日偃仰婀娜的姿态，舍弃一切背景，甚至于捐弃色相，参考月下映窗的影子，融会于心，胸有成竹，然后拿点线的纵横，写字的笔法，描出它的生命神韵。

在这样的场合，"下笔便有凹凸之形"，透视法是用不着了。画境是在一种"灵的空间"，就像一幅好字也表现一个灵的空间一样。

中国人以书法表达自然景象。李斯《论书法》说："送脚如游鱼得水，舞笔如景山兴云。"钟繇说："笔迹者界也，流美者人也……见万类皆象之。点如山颓，摘如雨骤，纤如丝毫，轻如云雾。去若鸣凤之游云汉，来若游女之入花林。"

书境同于画境，并且通于音的境界，我们见雷简夫一段话可知。盛熙明著《法书考》载雷简夫云："余偶昼卧，闻江涨声，想其波涛翻翻，迅驶掀磕，高下蹙逐，奔去之状，无物可寄其情，遽起作书，则心之想，尽在笔下矣。"作书可以写景，可以寄情，可以绘音，因所写所绘，只是一个灵的境界耳。

恽南田《评画》说："谛视斯境，一草一树，一邱一壑，皆洁庵灵想所独辟，总非人间所有。其意象在六合之表，荣落在四时之外。"这一种永恒的灵的空间，是中国画的造境，而这空间的构成是依于书法。

以上所述，还多是就花卉、竹石的小景取譬。现在再来看山水画的空间结构。在这方面中国画也有它的特点，我们仍旧拿西画来作比较观（本文所说西画是指希腊的及十四世纪以来传统的画境，至于后期印象派、表现主义、立体主义等自当别论）。

西洋的绘画渊源于希腊。希腊人发明几何学与科学，他们的宇宙观是一方面把握自然的现实，他方面重视宇宙形象里的数理和谐性。于是创造整齐匀称、静穆庄严的建筑，生动写实而高贵雅丽的雕像，以奉祀神明，象征神性。希腊绘画的景界也就是移写建筑空间和雕像形体于画面；人体必求其圆浑，背景多为建筑（见残留的希腊壁画和墓中人影像）。经过中古时代到文艺复兴，更是自觉地讲求艺术与科学的一致。画家兢兢于研究透视法、解剖学，以建立合理的真实的空间表现和人体风骨的写实。文艺复兴的西洋画家虽然是爱自然，陶醉于色相，然终不能与自然冥合于一，而拿一种对立的抗争的眼光正视世界。艺术不惟摹写自然，并且修正自然，以合于数理和谐的标准。意大利十四、十五世纪画家从乔阿托（Giotto）、波堤切利（Botticelli）、季郎达亚（Ghirlandaja）、柏鲁金罗（Perugino），到伟大的拉飞尔都是墨守着正面对立的看法，画中透视的视点与视线皆集合于画面的正中。画面之整齐、对称、均衡、和谐是他们特色。虽然这种正面对立的态度也不免暗示着物与我中间一种紧张、一种分裂，不能忘怀尔我，浑化为一，而是偏于科学的理知的态度，然而究竟还相当地保有希腊风格的静穆和生命力的充实与均衡。透视法的学

德国　丢勒《亚当与夏娃》

理与技术，在这两世纪中由探试而至于完成。但当时北欧画家如德国的丢勒（Dürer）等则已爱构造斜视的透视法，把视点移向中轴之左右上下，甚至于移向画面之外，使观赏者的视点落向不堪把握的虚空，彷徨追寻的心灵驰向无尽。到了十七、十八世纪，巴罗克（Baroque）风格的艺术更是驰情入幻，炫艳逞奇，摛葩织藻，以寄托这彷徨落漠、苦闷失望的空虚。视线驰骋于画面，追寻空间的深度与无穷（Rembrandt）的油画。

所以西洋透视法在平面上幻出逼真的空间构造，如镜中影、水中月，其幻愈真，则其真愈幻。逼真的假象往往令人更感为可怖的空幻。加上西洋油色的灿烂炫耀，遂使出发于写实的西洋艺术，结束于诙诡艳奇的唯美主义（如 Gustave Moteau）。至于近代的印象主义、表现主义、立体主义、未来派等乃遂光怪陆离，不可思议，令人难以追踪。然而彷徨追寻是它们的核心，它们是"苦闷的象征"。

我们转过头来看中国山水画所表现的空间意识！

中国山水画的开创人可以推到南朝宋时画家宗炳与王微。他们两人同时是中国山水画理论的建设者。尤其是对透视法的阐发及中国空间意识的特点透露了千古的秘蕴。这两位山水画的创始人早就决定了中国山水画在世界画坛的特殊路线。

宗炳在西洋透视法发明以前一千年已经说出透视法的秘诀。我们知道透视法就是把眼前立体形的远近的景物看作平面形以移上画面的方法。一个很简单而实用的技巧，就是竖立一块大玻璃板，我们隔着玻璃板"透视"远景，各种物景透过玻璃映现眼帘时观出绘画的状态，这就是因远近的距离之变化，大的会变小，小的会变大，方的会变扁。因上下位置的变化，高的会变低，低的会变高。这画面的形象与实际的迥然不同。然而它是画面上幻现那三进向空间境界的张本。

宗炳在他的《画山水序》里说："今张绡素以远映，则崑阆之形可围于方寸之内，竖划三寸，当千仞之高，横墨数尺，体百里之远。"又说："去之稍阔，则其见弥小。"那"张绡素以远映"，不就是隔着玻璃以透视的方法么？宗炳一语道破于西洋一千年前，然而中国山水画却始终没有实行运用这种透视法，并且始终躲避它，取消它，反对它。如沈括评斥李成仰画飞檐，而主张以大观小。又说从下望上只合见一重山，不能重重悉见，这是根本反对站在固定视点的透视法。又中国画画桌面、台阶、地席等都是上阔而下狭，这不是根本躲避和取消透视看法？我们对这种怪事也可以在宗炳、王微的画论里得到充分的解释。王微的《叙画》里说："古人之作画也，非以案城域，辨方州，标镇阜，划浸流，本乎形者融，灵而变动者心也。灵无所见，故所托不动，目有所极，故所见不周。于是乎以一管之笔，拟太虚之体，以判躯之状，尽寸眸之明。"在这话里王微根本反对绘画是写实和实用的。绘画是托不动的形象以显现那灵而变动（无所见）的心。绘画不是面对实景，画出一角的视野（目有所极故所见不周），而是以一管之笔，拟太虚之体。那无穷的空间和充塞这空间的生命（道），是绘画的真正对象和境界。所以要从这"目有所极故所见不周"的狭隘的视野和实景里解放出来，而放弃那"张绡素以远映"的透视法。

元　王蒙《葛稚川移居图》

《淮南子》的《天文训》首段说:"……道始于虚霩(通廓),虚霩生宇宙,宇宙生气……"这和宇宙虚廓合而为一的生生之气,正是中国画的对象。而中国人对于这空间和生命的态度却不是正视的抗衡,紧张的对立,而是纵身大化,与物推移。中国诗中所常用的字眼如盘桓、周旋、徘徊、流连,哲学书如《易经》所常用的如往复、来回、周而复始、无往不复,正描出中国人的空间意识。我们又见到宗炳的《画山水·序》里说得好:"身所盘桓,目所绸缪,以形写形,以色貌色。"中国画山水所写出的岂不正是这目所绸缪,身所盘桓的层层山、叠叠水?尺幅之中写千里之景,而重重景象,虚灵绵邈,有如远寺钟声,空中回荡。宗炳又说,"抚琴弄操,欲令众山皆响",中国画境之通于音乐,正如西洋画境之通于雕刻建筑一样。

西洋画在一个近立方形的框里幻出一个锥形的透视空间,由近至远,层层推出,以至于目极难穷的远天,令人心往不返,驰情入幻,浮士德的追求无尽,何以异此?

中国画则喜欢在一竖立方形的直幅里,令人抬头先见远山,然后由远至近,逐渐返于画家或观者所流连盘桓的水边林下。《易经》上说:"无往不复,天地际也。"中国人看山水不是心往不返,目极无穷,而是"返身而诚","万物皆备于我"。王安石有两句诗云:"一水护田将绿绕,两山排闼送青来。"前一句写盘桓、流连、绸缪之情;下一句写由远至近,回返自心的空间感觉。

这是中西画中所表现空间意识的不同。

中国诗画中所表现的空间意识

现代德国哲学家斯宾格勒（O.Spengler）在他的名著《西方文化之衰落》里面曾经阐明每一种独立的文化都有他的基本象征物，具体地表象它的基本精神。在埃及是"路"，在希腊是"立体"，在近代欧洲文化是"无尽的空间"。这三种基本象征都是取之于空间境界，而他们最具体的表现是在艺术里面。埃及金字塔里的甬道、希腊的雕像、近代欧洲的最大油画家伦勃朗（Rembrandt）的风景，是我们领悟这三种文化的最深的灵魂之媒介。

我们若用这个观点来考察中国艺术，尤其是画与诗中所表现的空间意识，再拿来同别种文化作比较，是一极有趣味的事。我不揣浅陋作了以下的尝试。

西洋十四世纪文艺复兴初期油画家梵埃格（Van Eyck）的画极注重写实、精细地描写人体、画面上表现屋宇内的空间，画家用科学及数学的眼光看世界。于是透视法的知识被发挥出来，而用之于绘画。意大利的建筑家勃鲁纳莱西（Brunelleci）

荷兰　梵埃格《阿尔诺芬尼夫妇像》

在十五世纪的初年已经深通透视法。阿卜柏蒂在他1436年出版的《画论》里第一次把透视的理论发挥出来。

中国十八世纪雍正、乾隆时,名画家邹一桂对于西洋透视画法表示惊异而持不同情的态度,他说:"西洋人善勾股法,故其绘画于阴阳远近,不差锱黍,所画人物、屋树,皆有日影。其所用颜色与笔,与中华绝异。布影由阔而狭,以三角量之。画宫室于墙壁,令人几欲走进。学者能参用一二,亦其醒法。但笔法全无,虽工亦匠,故不入画品。"

邹一桂认为西洋的透视的写实的画法"笔法全无,虽工亦匠",只是一种技巧,与真正的绘画艺术没有关系,所以"不入画品"。而能够入画品的画,即能"成画"的画,应是不采取西洋透视法的立场,而采沈括所说的"以大观小之法"。

早在宋代,一位博学家沈括在他名著《梦溪笔谈》里就曾讥评大画家李成采用透视立场"仰画飞檐",而主张"以大观小之法"。他说:"李成画山上亭馆及楼阁之类,皆仰画飞檐。其说以谓'自下望上,如人立平地望塔檐间,见其榱桷'。此论非也。大都山水之法,盖以大观小,如人观假山耳。若同真山之法,以下望上,只合见一重山,岂可重重悉见,兼不应见其溪谷间事。又如屋舍,亦不应见中庭及巷中事。若人在东立,则山西便合是远境。人在西立,则山东却合是远境。似此如何成画?李君盖不知以大观小之法,其间折高、折远,自有妙理,岂在掀屋角也?"

沈括以为画家画山水，并非如常人站在平地上在一个固定的地点，仰首看山；而是用心灵的眼，笼罩全景，从全体来看部分，"以大观小"。把全部景界组织成一幅气韵生动、有节奏有和谐的艺术画面，不是机械的照相。这画面上的空间组织，是受着画中全部节奏及表情所支配。"其间折高折远，自有妙理"。这就是说须服从艺术上的构图原理，而不是服从科学上算学的透视法原理。他并且以为那种依据透视法的看法只能看见片面，看不到全面，所以不能成画。他说"似此如何成画"？他若是生在今日，简直会不承认西洋传统的画是画，岂不有趣？

这正可以拿奥国近代艺术学者芮格（Riegl）所主张的"艺术意志说"来解释。中国画家并不是不晓得透视的看法，而是他的"艺术意志"不愿在画面上表现透视看法，只摄取一个角度，而采取了"以大观小"的看法，从全面节奏来决定各部分，组织各部分。中国画法六法上所说的"经营位置"，不是依据透视原理，而是"折高折远自有妙理"。全幅画面所表现的空间意识，是大自然的全面节奏与和谐。画家的眼睛不是从固定角度集中于一个透视的焦点，而是流动着飘瞥上下四方，一目千里，把握全境的阴阳开阖、高下起伏的节奏。中国最大诗人杜甫有两句诗表出这空、时意识说："乾坤万里眼，时序百年心。"《中庸》上也曾说："诗云：鸢飞戾天，鱼跃于渊，言其上下察也。"

中国最早的山水画家六朝刘宋时的宗炳（公元五世纪）曾在他的《画山水·序》里说山水画家的事务是：

> 身所盘桓，目所绸缪。
> 以形写形，以色貌色。

画家以流盼的眼光绸缪于身所盘桓的形形色色。所看的不是一个透视的焦点，所采的不是一个固定的立场，所画出来的是具有音乐的节奏与和谐的境界。所以宗炳把他画的山水悬在壁上，对着弹琴，他说：

> 抚琴动操，欲令众山皆响！

山水对他表现一个音乐的境界，就如他的同时的前辈那位大诗人音乐家嵇康，也是拿音乐的心灵去领悟宇宙、领悟"道"。嵇康有名句云：

> 目送归鸿，手挥五弦。
> 俯仰自得，游心太玄。

中国诗人、画家确是用"俯仰自得"的精神来欣赏宇宙，而跃入大自然的节奏里去"游心太玄"。晋代大诗人陶渊明也有诗云:"俯仰终宇宙,不乐复何如!"

用心灵的俯仰的眼睛来看空间万象,我们的诗和画中所表现的空间意识,不是像那代表希腊空间感觉的有轮廓的立体雕像,不是像那表现埃及空间感的墓中的直线甬道,也不是那代表近代欧洲精神的伦勃朗的油画中渺茫无际追寻无着的深空,而是"俯仰自得"的节奏化的音乐化了的中国人的宇宙感。

《易经》上说:"无往不复,天地际也。"这正是中国人的空间意识!

这种空间意识是音乐性的(不是科学的算学的建筑性的)。它不是用几何、三角测算来的,而是由音乐舞蹈体验来的。中国古代的所谓"乐"是包括着舞的。所以唐代大画家吴道子请裴将军舞剑以助壮气。

宋郭若虚《图画见闻志》上说:

> 唐开元中,将军裴旻居丧,诣吴道子,请于东都天宫寺画神鬼数壁,以资冥助。道子答曰:"吾画笔久废,若将军有意,为吾缠结,舞剑一曲,庶因猛厉,以通幽冥!"旻于是脱去缞服,若常时装束,走马如飞,左旋右转,掷剑入云,高数十丈,若电光下射。旻引手执鞘承之,剑透室而入。观者数千人,无不惊栗。道子于是援毫图壁,飒然风起,为天下之壮观。道子平生绘事,得意无出于此。

与吴道子同时的大书家张旭，也因观公孙大娘的剑器舞而书法大进。宋朝书家雷简夫因听着嘉陵江的涛声，而引起写字的灵感。雷简夫说："余偶昼卧，闻江涨瀑声。想波涛翻翻，迅驶掀磕，高下蹙逐奔去之状，无物可寄其情，遽起作书，则心中之想尽在笔下矣！"

节奏化了的自然，可以由中国书法艺术表达出来，就同音乐舞蹈一样。而中国画家所画的自然也就是这音乐境界。他的空间意识和空间表现就是"无往不复的天地之际"。不是由几何、三角所构成的西洋的透视学的空间，而是阴阳明暗高下起伏所构成的节奏化了的空间。董其昌说："远山一起一伏则有势，疏林或高或下则有情，此画之诀也。"

有势有情的自然是有声的自然。中国古代哲人曾以音乐的十二律配合一年十二月节季的循环。《吕氏春秋·大乐》篇说："万物所出，造于太一，化于阴阳。萌芽始震，凝寒以形。形体有处，莫不有声。声出于和，和出于适。和适，先王定乐，由此而生。"唐代诗人韦应物有诗云：

万物自生听，大空恒寂寥。

唐诗人沈佺期的《范山人画山水歌》云（见《佩文斋书画谱》）："山峥嵘，水泓澄。漫漫汗汗一笔耕。一草一木栖神明。忽如空中有物，物中有声。复如远道望乡客，梦绕山川

唐　王维《辋川图》（局部）

身不行！"

　　这是赞美范山人所画的山水好像空中的乐奏，表现一个音乐化的空间境界。宋代大批评家严羽在他的《沧浪诗话》里说唐诗人的诗中境界："如空中之音，相中之色，水中之月，镜中之像，言有尽而意无穷。"西人约柏特（Joubert）也说："佳诗如物之有香，空之有音，纯乎气息。"又说："诗中妙境，每字能如弦上之音，空外余波，袅袅不绝。"（据钱锺书译）

　　这种诗境界，中国画家则表之于山水画中。苏东坡论唐代大画家兼诗人王维说："味摩诘之诗，诗中有画。观摩诘之画，画中有诗。"

　　王维的画我们现在不容易看到（传世的有两三幅）。我们可以从诗中看他画境，却发现他里面的空间表现与后来中国山水画的特点一致！

王维的辋川诗有一绝句云：

北坨湖水北，杂树映朱栏，

逶迤南川水，明灭青林端。

在西洋画上有画大树参天者，则树外人家及远山流水必在地平线上缩短缩小，合乎透视法。而此处南川水却明灭于青林之端，不向下而向上，不向远而向近。和青林朱栏构成一片平面。而中国山水画家却取此同样的看法写之于画面。使西人诧中国画家不识透视法。然而这种看法是中国诗中的通例，如：

暗水流花径，春星带草堂。

卷帘唯白水，隐几亦青山。

白波吹粉壁，青嶂插雕梁。

——以上〔唐〕杜甫

天回北斗挂西楼。

檐飞宛溪水，窗落敬亭云。

——以上〔唐〕李白

水国舟中市，山桥树杪行。

——〔唐〕王维

窗影摇群动，墙阴载一峰。

——〔唐〕岑参

秋景墙头数点山。①

———[唐]刘禹锡

窗前远岫悬生碧，帘外残霞挂熟红。

———[唐]罗虬

树杪玉堂悬。

———[唐]杜审言

江上晴楼翠霭开，满帘春水满窗山。

———[唐]李群玉

碧松梢外挂青天。

———[唐]杜牧

玉堂坚重而悬之于树杪，这是画境的平面化。青天悠远而挂之于松梢，这已经不止于世界的平面化，而是移远就近了。这不是西洋精神的追求无穷，而是饮吸无穷于自我之中！孟子曰："万物皆备于我矣，反身而诚，乐莫大焉。"宋代哲学家邵雍于所居作便坐，曰安乐窝，两旁开窗曰日月牖。正如杜甫诗云：

山河扶绣户，日月近雕梁。

深广无穷的宇宙来亲近我，扶持我，无庸我去争取那无穷

---

① 民国嘉业堂本《刘禹锡文集》为"秋色墙头数点山"。———编者注

的空间，像浮士德那样野心勃勃，彷徨不安。

中国人对无穷空间这种特异的态度，阻碍中国人去发明透视法。而且使中国画至今避用透视法。我们再在中国诗中征引那饮吸无穷空间于自我，网罗山川大地于门户的例证：

云生梁栋间，风出窗户里。

——［东晋］郭璞

绣甍结飞霞，璇题纳明月。

——［六朝］鲍照

窗中列远岫，庭际俯乔林。

——［六朝］谢朓

栋里归白云，窗外落晖红。

——［六朝］阴铿

画栋朝飞南浦云，珠帘暮卷西山雨。

——［初唐］王勃

窗含西岭千秋雪，门泊东吴万里船。

——［唐］杜甫

天入沧浪一钓舟。

——［唐］杜甫

欲回天地入扁舟。

——［唐］李商隐

大壑随阶转，群山入户登。

——［唐］王维

隔窗云雾生衣上，卷幔山泉入镜中。

——［唐］王维

山月临窗近，天河入户低。

——［唐］沈佺期

山翠万重当槛出，水光千里抱城来。

——［唐］许浑

三峡江声流笔底，六朝帆影落樽前。
山随宴坐图画出，水作夜窗风雨来。①

——［宋］米芾

一水护田将绿绕，两山排闼送青来。

——［宋］王安石

满眼长江水，苍然何郡山？
向来万里急②，今在一窗间。

——［宋］陈简斋

江山重复争供眼，风雨纵横乱入楼。

——［宋］陆放翁

水光山色与人亲。

——［宋］李清照

---

① "山随宴坐图画出，水作夜窗风雨来"为北宋诗人黄庭坚所作《题胡逸老致虚庵》中句。——编者注

② 北京大学出版社2019年版《全宋诗》为"向来万里意"。——编者注

明 蓝瑛《仿张僧繇山水图》

帆影多从窗隙过，溪光合向镜中看。

——［清］叶令仪

云随一磬出林杪，窗放群山到榻前。

——［清］谭嗣同

而明朝诗人陈眉公的含晖楼诗《咏日光》云："朝挂扶桑枝，暮浴咸池水，灵光满大千，半在小楼里。"更能写出万物皆备于我的光明俊伟的气象。但早在这些诗人以前，晋宋的大诗人谢灵运（他是中国第一个写纯山水诗的）已经在他的《山居赋》里写出这网罗天地于门户，饮吸山川于胸怀的空间意识。中国诗人多爱从窗户庭阶，词人尤爱从帘、屏、栏干、镜以吐纳世界景物。我们有"天地为庐"的宇宙观。老子曰："不出户，知天下。不窥牖，见天道。"庄子曰："瞻彼阕者，虚室生白。"孔子曰："谁能出不由户，何莫由斯道也？"中国这种移远就近，由近知远的空间意识，已经成为我们宇宙观的特色了。谢灵运《山居赋》里说：

抗北顶以葺馆，瞰南峰以启轩，
罗曾崖于户里，列镜澜于窗前。
因丹霞以赪楣，附碧云以翠椽。

——《宋书·谢灵运传》

六朝刘义庆的《世说新语》载：

> 简文帝（东晋）入华林园，顾谓左右曰："会心处不必在远，翳然林水，便自有濠濮间想也。觉鸟兽禽鱼，自来亲人！"

晋代是中国山水情绪开始与发达时代。阮籍登临山水，尽日忘归。王羲之既去官，游名山，泛沧海，叹曰："我卒当以乐死！"山水诗有了极高的造诣（谢灵运、陶渊明、谢朓等），山水画开始奠基。但是，顾恺之、宗炳、王微已经显示出中国空间意识的特质了。宗炳主张"身所盘桓，目所绸缪，以形写形，以色貌色"。王微主张"以一管之笔拟太虚之体"。而人们遂能"以大观小"又能"小中见大"。人们把大自然吸收到庭户内。庭园艺术发达极高。庭园中罗列峰峦湖沼，俨然一个小天地。后来宋僧道灿的重阳诗句："天地一东篱，万古一重九。"正写出这境界。而唐诗人孟郊更歌唱这天地反映到我的胸中，艺术的形象是由我裁成的，他唱道：

> 天地入胸臆，吁嗟生风雷。
> 文章得其微，物象由我裁！

东晋陶渊明则从他的庭园悠然窥见大宇宙的生气与节奏而

证悟到忘言之境。他的《饮酒》诗云：

> 结庐在人境，而无车马喧。
> 问君何能尔，心远地自偏。
> 采菊东篱下，悠然见南山。
> 山气日夕佳，飞鸟相与还。
> 此中有真意，欲辨已忘言！

中国人的宇宙概念本与庐舍有关。"宇"是屋宇，"宙"是由"宇"中出入往来。中国古代农人的农舍就是他的世界。他们从屋宇得到空间观念。从"日出而作，日入而息"（《击壤歌》），由宇中出入而得到时间观念。空间、时间合成他的宇宙而安顿着他的生活。他的生活是从容的，是有节奏的。对于他空间与时间不能分割的。春夏秋冬配合着东南西北。这个意识表现在秦汉的哲学思想里。时间的节奏（一岁，十二月二十四节）率领着空间方位（东南西北等）以构成我们的宇宙。所以我们的空间感觉随着我们的时间感觉而节奏化了、音乐化了！画家在画面所欲表现的不只是一个建筑意味的空间"宇"，而需同时具有音乐意味的时间节奏"宙"。一个充满音乐情趣的宇宙（时空合一体）是中国画家、诗人的艺术境界。画家、诗人对这个宇宙的态度，是像宗炳所说的"身所盘桓，目所绸缪，以形写形，以色貌色"。六朝刘勰在他的名著《文心雕龙》里也说到诗人对于万物是：

> 目既往还，心亦吐纳。……情往似赠，兴来如答。

"目所绸缪"的空间景是不采取西洋透视看法集合于一个焦点，而采取数层观点以构成节奏化的空间。这就是中国画家的"三远"之说。"目既往还"的空间景是《周易》所说"无往不复，天地际也"。我们再分别论之。

宋代画家郭熙所著《林泉高致·山川训》云：

> 山有三远：自山下而仰山巅，谓之高远。自山前而窥山后，谓之深远。自近山而望远山，谓之平远。高远之色清明，深远之色重晦，平远之色有明有晦。高远之势突兀，深远之意重叠，平远之意冲融而缥缥缈缈。其人物之在三远也，高远者明了，深远者细碎，平远者冲澹。明了者不短，细碎者不长，冲澹者不大。此三远也。

西洋画法上的透视法是在画面上依几何学的测算构造一个三进向的空间的幻景。一切视线集结于一个焦点（或消失点）。正如邹一桂所说："布影由阔而狭，以三角量之。画宫室于墙

宋　郭熙《雪山行旅图》

壁，令人几欲走进。"而中国"三远"之法，则对于同此一片山景"仰山巅，窥山后，望远山"，我们的视线是流动的，转折的。由高转深，由深转近，再横向于平远，成了一个节奏化的行动。郭熙又说："正面溪山林木，盘折委曲，铺设其景而来，不厌其详，所以足人目之近寻也。傍边平远，峤岭重叠，钩连缥缈而去，不厌其远，所以极人目之旷望也。"他对于高远、深远、平远，用俯仰往还的视线，抚摩之，眷恋之，一视同仁，处处流连。这与西洋透视法从一固定角度把握"一远"，大相径庭。而正是宗炳所说的"目所绸缪，身所盘桓"的境界。苏东坡诗云："赖有高楼能聚远，一时收拾与闲人。"真能说出中国诗人、画家对空间的吐纳与表现。

由这"三远法"所构的空间不复是几何学的科学性的透视空间，而是诗意的创造性的艺术空间。趋向着音乐境界，渗透了时间节奏。它的构成不依据算学，而依据动力学。清代画论家华琳名之曰"推"。（华琳生于乾隆五十六年，卒于道光三十年。）华琳在他的《南宗抉秘》里有一段论"三远法"，极为精彩。可惜还不为人所注意。兹不惜篇幅，详引于下，并略加阐扬。华琳说：

> 旧谱论山有三远云："自下而仰其巅曰高远。自前而窥其后曰深远，自近而望及远曰平远。"此三远之定名也。又云："远欲其高，当以泉高之，远欲其

深，当以云深之。远欲其平，当以烟平之。"此三远之定法也。乃吾见诸前辈画，其所作三远山，间有将泉与云颠倒用之者，又或有泉与云与烟一无所用者，而高者自高，深者自深，平者自平，于旧谱所论，大相径庭，何也？因详加揣测，悉心临摹，久而顿悟其妙。盖有推法焉！局架独耸，虽无泉而已具自高之势。层次加密，虽无云而已有可深之势。低褊其形，虽无烟而已成必平之势。高也深也平也，因形取势。胎骨既定，纵欲不高不深不平而不可得。惟三远为不易！然高者由卑以推之，深者由浅以推之，至于平则必不高，仍须于平中之卑处以推及高。平则必不深，亦须于平中之浅处以推及深。推之法得，斯远之神得矣！（白华按："推"是由线纹的力的方向及组织以引动吾人空间深远平之感入。不由几何形线的静的透视的秩序，而由生动线条的节奏趋势以引起空间感觉。如中国书法所引起的空间感。我名之为力线律动所构的空间境。如现代物理学所说的电磁野。）但以堆叠为推，以穿研为推则不可！或曰："将何以为推乎？"余曰："似离而合四字实推之神髓。（按：似离而合即有机的统一。化空间为生命境界，成了力线律动的原野。）假使以离为推，致彼此间隔，则是以形推，非以神推也。（按：西洋透视法是以离为推也。）且亦有离开而仍推不远者！况通幅邱壑无处处间隔之理，亦不可无离开之神。若处处合成一片，高与深与平，又皆不远矣。似离而合，无遗蕴矣！"或又曰："似离而合，毕竟以何法取之？"余曰："无他，疏密其笔，浓淡其墨，上下四旁，明晦借映。以阴可以推阳，以阳亦可以推阴。直观之如决流之推波。睨视之如行云之推月。无往非以笔推，无往非以墨推。似离而合之法得，即推之法得。远之法亦即尽于是矣。"乃或又曰："凡作画何处不当疏密其笔，浓淡其墨，岂独推法用之乎？"不知遇当推之势，作者自宜别有经营。于疏密其笔，浓淡其墨之中，又绘出一段斡旋神理，倒转乎缩地勾魂之术，捉摸于探幽扣寂之乡。似于他处之疏密浓淡，其作用较为精细。此是悬解，难以专注。必欲实实指出，又何异以泉以云以烟者拘泥之见乎？

华琳提出"推"字以说明中国画面上"远"之表出。"远"不是以堆叠穿斫的几何学的机械式的透视法表出。而是由"似离而合"的方法视空间如一有机统一的生命境界。由动的节奏引起我们跃入空间感觉。直观之如决流之推波，睨视之如行云之推月。全以波动力引起吾人游于一个"静而与阴同德，动而与阳同波"（庄子语）的宇宙。空间意识油然而生，不待堆叠穿斫，测量推度，而自然涌现了！这种空间的体验有如鸟之拍翅，鱼之泳水，在一开一阖的节奏中完成。所以中国山水的布局，以三四大开阖表现之。

中国人的最根本的宇宙观是《周易传》上所说的"一阴一阳之谓道"。我们画面的空间感也凭借一虚一实、一明一暗的流动节奏表达出来。虚（空间）同实（实物）联成一片波流，如决流之推波。明同暗也联成一片波动，如行云之推月。这确是中国山水画上空间境界的表现法。而王船山所论王维的诗法，更可证明中国诗与画中空间意识的一致。王船山《诗绎》里说："右丞妙手能使在远者近，抟虚成实，则心自旁灵，形自当位。"使在远者近，就是像我们前面所引各诗中移远就近的写景特色。我们欣赏山水画，也是抬头先看见高远的山峰，然后层层向下，窥见深远的山谷，转向近景林下水边，最后横向平远的沙滩小岛。远山与近景构成一幅平面空间节奏，因为我们的视线是从上至下的流转曲折，是节奏的动。空间在这里不是一个透视法的三进向的空间，以作为布置景物的虚空间架，而是它自己也参加进全幅节奏，受全幅音乐支配着的波动。这正是抟虚成实，使虚的空间化为实的生命。于是我们欣赏的心灵，光被四表，格于上下。"神理流于两间，天地供其一目。"（王船山《论谢灵运诗》语）而万物之形在这新观点内遂各有其新的适当的位置与关系。这位置不是依据几何、三角的透视法所规定，而是如沈括所说的"折高折远自有妙理"。不在乎掀起屋角以表示自下望上的透视。而中国画在画台阶、楼梯时反而都是上宽而下窄，好像是跳进画内站到台阶上去往下看。而不是像西画上的透视是从欣赏者的立脚点向画内看去，阶梯是近阔而远狭，下宽而上窄。西洋人曾说中国画是反透视的。他不知我们是从远往近看，从高往下看，所以"折高折远自有妙理"，另是一套构图。我们从既高且远的心灵的眼睛"以大观小"，俯仰宇宙，正如明朝沈颢《画麈》里赞美画中的境界说：

> 称性之作，直操造化。盖缘山河大地，品类群生，皆自性现。其间卷舒取舍，如太虚片云，寒潭雁迹而已。

画家胸中的万象森罗，都从他的及万物的本体里流出来，呈现于客观的画面。它们的形象位置一本乎自然的音乐，如片云舒卷，自有妙理，不依照主观的透视看法。透视学是研究人站在一个固定地点看出去的主观境界，而中国画家、诗人宁采取"俯仰自得，游心太玄"，"目既往还，心亦吐纳"的看法，以达到"澄怀味像"。（画家宗炳语）这是全面的客观的看法。

早在《周易》的《系辞》传里已经说古代圣哲是"仰则观象于天，俯则观法于地，观鸟兽之文与地之宜。近取诸身，远取诸物。"俯仰往还，远近取与，是中国哲人的观照法，也

北宋　王希孟《千里江山图》(局部)

是诗人的观照法。而这观照法表现在我们的诗中画中，构成我们诗画中空间意识的特质。

　　诗人对宇宙的俯仰观照由来已久，例证不胜枚举。汉苏武诗："俯观江汉流，仰视浮云翔。"魏文帝诗："俯视清水波，仰看明月光。"曹子建诗："俯降千仞，仰登天阻。"晋王羲之《兰亭诗》："仰视碧天际，俯瞰绿水滨。"又《兰亭集序》："仰观宇宙之大，俯察品类之盛，所以游目骋怀，足以极视听之娱，信可乐也。"谢灵运诗："仰视乔木杪，俯聆大壑淙。"而左太冲的名句"振衣千仞冈，濯足万里流"，也是俯仰宇宙的气概。诗人虽不必直用俯仰字样，而他的意境是俯仰自得，游目骋怀的。诗人、画家最爱登山临水。"欲穷千里目，更上

一层楼",是唐诗人王之涣名句。所以杜甫尤爱用"俯"字以表现他的"乾坤万里眼,时序百年心"。他的名句如"游目俯大江""层台俯风渚""扶杖俯沙渚""四顾俯层巅""展席俯长流""傲睨俯峭壁""此邦俯要冲""江缆俯鸳鸯""缘江路熟俯青郊""俯视但一气,焉能辨皇州"等,用"俯"字不下十数处。"俯"不但联系上下远近,且有笼罩一切的气度。古人说:"赋家之心,包括宇宙。"诗人对世界是抚爱的、关切的,虽然他的立场是超脱的、洒落的。晋唐诗人把这种观照法递给画家,中国画中空间境界的表现遂不得不与西洋大异其趣了。

中国人与西洋人同爱无尽空间(中国人爱称太虚太空无穷无

德国　菲德烈希《海滨孤僧》

涯），但此中有很大的精神意境上的不同。西洋人站在固定地点，由固定角度透视深空，他的视线失落于无穷，驰于无极。他对这无穷空间的态度是追寻的、控制的、冒险的、探索的。近代无线电、飞机都是表现这控制无限空间的欲望。而结果是彷徨不安，欲海难填。中国人对于这无尽空间的态度却是如古诗所说的："高山仰止，景行行止，虽不能至，而心向往之。"人生在世，如泛扁舟，俯仰天地，容与中流，灵屿瑶岛，极目悠悠。中国人面对着平远之境而很少是一望无边的，像德国浪漫主义大画家菲德烈希（Friedrich）所画的杰作《海滨孤僧》那样，代表着对无穷空间的怅望。在中国画上的远空中必有数峰蕴藉，点缀空际，正如元人张秦娥诗云："秋水一抹碧，残霞几缕红。水穷云尽处，隐隐两三峰。"或以归雁晚鸦掩映斜阳。如陈国材诗云："红日晚天三四雁，碧波春水一双鸥。"我们向往无穷的心，须能有所安顿，归返自我，成一回旋的节奏。我们的空间意识的象征不是埃及的直线甬道，不是希腊的立体雕像，也不是欧洲近代人的无尽空间，而是潆洄委曲，绸缪往复，遥望着一个目标的行程（道）！我们的宇宙是时间率领着空间，因而成就了节奏化、音乐化了的"时空合一体"。这是"一阴一阳之谓道"。《诗经》上蒹葭三章很能表出这境界。其第一章云："蒹葭苍苍，白露为霜。所谓伊人，在水一方。溯洄从之，道阻且长。溯游从之，宛在水中央。"而我们前面引过的陶渊明的《饮酒》诗尤值得我们再三玩味：

采菊东篱下，悠然见南山。
山气日夕佳，飞鸟相与还。
此中有真意，欲辨已忘言！

中国人于有限中见到无限，又于无限中回归有限。他的意趣不是一往不返，而是回旋往复的。唐代诗人王维的名句云："行到水穷处，坐看云起时。"韦庄诗云："去雁数行天际没，孤云一点净中生。"储光羲的诗句云："落日登高屿，悠然望远山，溪流碧水去，云带清阴还。"以及杜甫的诗句："水流心不静，云在意俱迟。"都是写出这"目既往还，心亦吐纳，情往似赠，兴来如答"的精神意趣。"水流心不静"是不像欧洲浮士德精神的追求无穷。"云在意俱迟"，是庄子所说的"圣人达绸缪，周遍一体也"。也就是宗炳"目所绸缪"的境界。中国人抚爱万物，与万物同其节奏："静而与阴同德，动而与阳同波"（《庄子》语）。我们宇宙既是一阴一阳、一虚一实的生命节奏，所以它根本上是虚灵的时空合一体，是流荡着的生动气韵。哲人、诗人、画家，对于这世界是"体尽无穷而游无朕"（《庄子》语）。"体尽无穷"是已经证入生命的无穷节奏，画面上表出一片无尽的律动，如空中的乐奏。"而游无朕"，即是在中国画的底层的空白里表达着本体"道"（无朕境界）。庄子曰："瞻彼阙（空处）者，虚室生白。"这个虚白不是几何学的空间间架，死的空间，所谓顽空，而是创化万物的永恒运行着的道。这"白"是"道"的吉祥之光（见《庄子》）。宋朝苏东坡之弟苏辙在他《论语解》里说得好：

  贵真空，不贵顽空。盖顽空则顽然无知之空，木石是也。若真空，则犹之天焉！湛然寂然，元无一物，然四时自尔行，百物自尔生。粲为日星，渝为云雾。沛为雨露，轰为雷霆。皆自虚空生。而所谓湛然寂然者自若也。

南宋　米友仁《云山图》(局部)

　　苏东坡也在诗里说："静故了群动，空故纳万境。"这纳万境与群动的"空"即是道。即是老子所说"无"，也就是中国画上的空间。老子曰：

　　　　道之为物，惟恍惟惚。
　　　　惚兮恍兮，其中有象。
　　　　恍兮惚兮，其中有物。
　　　　窈兮冥兮，其中有精。
　　　　其精甚真，其中有信。

　　　　　　　　——《老子·二十一章》

这不就是宋代的水墨画，如米芾云山所表现的境界吗？

南宋　夏圭《溪山清远图》(局部)

杜甫也自夸他的诗"篇终接混茫"。庄子也曾赞"古之人在混茫之中"。明末思想家兼画家方密之自号"无道人"。他画山水淡烟点染,多用秃笔,不甚求似。尝戏示人曰:"若猜此何物?此正无道人得'无'处也!"

中国画中的虚空不是死的物理的空间间架,俾物质能在里面移动,反而是最活泼的生命源泉。一切物象的纷纭节奏从他里面流出来!我们回想到前面引过的唐诗人韦应物的诗:"万物自生听,太空恒寂寥。"王维也有诗云:"徒然万象多,澹尔太虚缅。"都能表明我所说的中国人特殊的空间意识。

而李太白的诗句"地形连海尽,天影落江虚",更有深意。有限的地形接连无涯的大海,是有尽融入无尽。天影虽高,而俯落江面,是自无尽回注有尽,使天地的实相变为虚相,点化成一片空灵。宋代哲学家程伊川曰:"冲漠无朕,而万象昭然已具。"昭然万象以冲漠无朕为基础。老子曰:"大象

无形"。诗人、画家由纷纭万象的摹写以证悟到"大象无形"。用太空、太虚、无、混茫,来暗示或象征这形而上的道,这永恒创化着的原理。中国山水画在六朝初萌芽时画家宗炳绘所游历山川于壁上曰:"老病俱至,名山恐难遍游,唯当澄怀观道,卧以游之!"这"道"就是实中之虚,即实即虚的境界。明画家李日华说:"绘画必以微茫惨淡为妙境,非性灵廓彻者未易证入,以虚淡中含意多耳!"

宗炳在他的《画山水·序》里已说到"山水质有而趋灵"。所以明代徐文长赞夏圭的山水卷说:"观夏圭此画,苍洁旷迥,令人舍形而悦影!"我们想到老子说过"五色令人目盲",又说"玄之又玄,众妙之门"(玄,青黑色),也是舍形而悦影,舍质而趋灵。王维在唐代彩色绚烂的风气中高唱"画道之中水墨为上"。连吴道子也行笔磊落,于焦墨痕中略施微染,轻烟淡彩,谓之吴装。当时中国画受西域影响,壁画色彩，本是浓丽非常。现在敦煌壁画，可见一斑。而中国画家的"艺术意志"却舍形而悦影，走上水墨的道路。这说明中国人的宇宙观是"一阴一阳之谓道"，道是虚灵的，是出没太虚自成文理的节奏与和谐。画家依据这意识构造他的空间境界，所以和西洋传统的依据科学精神的空间表现自然不同了。宋人陈涧上赞美画僧觉心说："虚静师所造者道也。放乎诗，游戏乎画，如烟云水月，出没太虚，所谓风行水上，自成文理者也。"（见邓椿《画继》）

中国画中所表现的万象，正是出没太虚而自成文理的。画家由阴阳虚实谱出的节奏，虽涵泳在虚灵中，却绸缪往复，盘桓周旋，抚爱万物，而澄怀观道。清初周亮工的《读画录》中载庄淡庵题凌又惠画的一首诗，最能道出我上面所探索的中国诗画所表现的空间意识。诗云：

性僻羞为设色工，聊将枯木写寒空。
洒然落落成三径，不断青青聚一丛。
入意萧条看欲雪，道心寂历悟生风。
低徊留得无边在，又见归鸦夕照中。

中国人不是向无边空间作无限制的追求，而是"留得无边在"，低徊之，玩味之，点化成了音乐。于是夕照中要有归鸦。"众鸟欣有托，吾亦爱吾庐。"（陶渊明诗）我们从无边世界回到万物，回到自己，回到我们的"宇"。"天地入吾庐"，也是古人的诗句。但我们却又从"枕上见千里，窗中窥万室"（王维诗句）神游太虚，超鸿濛，以观万物之浩浩流衍，这才是沈括所说的"以大观小"！

清代布颜图在他的《画学心法问答》里一段话说得好：

"问布置之法。曰：所谓布置者，布置山川也。宇宙之间，惟山川为大。始于鸿濛，而备于大地。人莫究其所以然。但拘拘于石法树法之间，求长觅巧，其为技也不亦卑乎？制大物必用大器。故学之者当心期于大。必先有一段海阔天空之见，存于有迹之内，而求于无迹之先。无迹者鸿濛也，有迹者大地也。有斯大地而后有斯山川，有斯山川而后有斯草木，有斯草木而后有斯鸟兽生焉，黎庶居焉。斯固定理昭昭也。今之学者……必须意在笔先，铺成大地，创造山川。其远近高卑，曲折深浅，皆令各得其势而不背，则格制定矣。"又说："学经营位置而难于下笔，以素纸为大地，以炭朽为鸿钧，以主宰为造物。用心目经营之，谛视良久，则纸上生情，山川恍惚，即用炭朽钩取之，转视则不复得矣！……此《易》之所谓寂然不动感而后通者此也。"这是我们先民的创造气象！对于现代的中国人，我们的山川大地不仍是一片音乐的和谐吗？我们的胸襟不应当仍是古画家所说的"海阔凭鱼跃，天高任鸟飞"吗？我们不能以大地为素纸，以学艺为鸿钧，以良知为主宰，创造我们的新生活新世界吗？

古代画论大意

宋陈郁《话腴》云:"写照非画物比,盖写形不难,写心维难也。"

写心即传神:迁想妙得。

南齐谢赫《古画品录》

梁武帝《昭公录》

后魏孙畅之《述画记》

陈姚最《续画品录》

唐沙门彦悰《后画品录》

李嗣真《后画品录》

顾况《画评》

刘整《续画评》

裴孝源《公私画录》

窦蒙《画拾遗录》

张彦远《历代名画记》

庄子:"宋元君将画图,众史皆至,受揖而立,舐笔和墨,在外者半。有一史后至者，儃儃然不趋，受揖不立，因之舍。公使人视之，则解衣槃礴，臝。君曰：'可矣，是真画者也。'"

(《庄子外编·田子方》)

尊重作家自由的胸襟解放，忘了社会拘束、礼法，没入艺术境，气势浩荡壮伟。

壮美，不谨细作风。自我价值，自觉艺术是自然表现。与中国线文纵横放纵有关。

与后来刘安《淮南鸿烈训》论画："寻常之外，画者谨毛而失貌。"高诱注曰："谨悉微毛，留意于小，则失其大貌。"

晋代王羲之叔父王廙说："余兄子羲之，幼而岐嶷，必将隆余堂构。今始年十六，学艺之外，书画过目便能，就予请书画法，余画《孔子十弟子图》以励之。画乃吾自画，书乃吾自书。吾余事虽不足法，而书画固可法。欲汝学书则知积学可以致远，学画可以知师弟子行己之道。"

自己个性之重视，而个性人格之培养，以学问道德为根基，而不把技术放在首要。为后来中国书画家之"文人画"方面，及社会地位之提高有关。壮美。

倪云林（瓒）："以中每爱余画竹，余之竹聊以写胸中逸气耳。岂复较其似与非，叶之繁与疏，枝之斜与直哉？或涂抹久之，他人视以为麻为芦，仆亦不能强辩为竹，真没奈览者何。""仆之所画者，不过逸笔草草，不求形似，聊以自娱耳。"

赵子昂曰："作画贵有古意，若无古意，虽工无益。今人但知用笔纤细,傅色浓艳,便自谓能手,殊不知古意既亏,百病横生,岂可观也?所作画似乎简率,然识者知其近古,故以佳,此可为知者道,不可为不知者说也。"

黄子久:"一窠一石,当逸笔撒脱,有大人家风。"

李日华说:"黄子久终日只在荒山乱石丛木、深篠中坐,意态忽忽,人不可测其为何,又每往泖中通海处看急流轰浪,虽风雨骤至,水怪悲诧而不顾。噫!此大痴之笔所以神郁变化,几与造化争神奇哉!"

画家在发现了"自我""自己的壮伟的精神"以后,不能满足于物的外面的纤细的描写,停

元　黄公望《天池石壁图》

于物的表面，而欲深入于物的"神气"，《文心雕龙》："神与物游。"顾恺之主张："迁想妙得。"赞《伏羲神农》："神属冥芒，居然有一得之想。"透入对象之"天骨""骨法""骨趣"，生气，对象也成了有"自我""自己精神"之物，有"奔腾大势""激扬之态"，有"一毫小失，神气与之俱变"。

宗炳《画山水序》："万趣融其神思，余复何为哉？"

王微论画："望秋云，神飞扬；临春风，思浩荡，虽有金石之乐，珪璋之琛，岂能仿佛之哉？"

顾恺之："人最难（须形神俱得），次山水，次狗马；台榭一定器耳，难成而易好，不待迁想妙得也。"（深度）与韩非"犬马最难"，"鬼魅最易"，"夫犬马，人所知也，旦暮罄于前，不可类之，故难。鬼魅无形，无形者，不罄于前，故易之也。"

后汉张衡云："画工恶图犬马而好作鬼魅，诚以实事难形而虚伪不穷也。"（《后汉书·张衡传·上疏论图纬虚妄非圣人之法》）

顾恺之："凡生人亡有手揖眼视而前亡所对者，以形写神，而空其实对，荃生之用乖，传神之趋失矣。空实则大失，对而不正则小失，不可不察也。一像之明昧，不若晤对之通神也。"（《魏晋胜流画赞》）评《壮士》："有奔腾大势，恨不尽激扬之态。""若长短刚软，深浅广狭，与点睛之节，上下大小酿薄，有一豪小失，则神气与之俱变矣。"《画评》："画《孙武》，寻其置陈布势，是达画之变者。"顾每画人成，或数年不点睛，问其故，答曰："四体妍媸，本无关于妙处，传神写照，正在阿堵之中。"尝画裴楷像，颊上三毫，观者觉神明殊胜，又为谢鲲像在岩石里，人问所以，曰："一丘一壑，自谓过之，此子宜置岩壑中。"借环境布置，以表其神。

张彦远评顾云："顾恺之之迹，紧劲联绵，循环超忽，调格逸易，风趋电疾，意存笔先，画尽意在，所以全神气也。"对于世界，申张自我精神。

曹丕《典论论文》："文以气为主。"

殷浩："我与我周旋，宁作我。"

陆机："笼天地于形内，挫万物于笔端。"又云："恒患意不称物，文不逮意。"立意。

顾长康自会稽还，人问山川之美。他说："千岩竞秀，万壑争流，草木蒙笼其上，若云兴霞蔚。"

为殷仲堪写真，会其神，欲图殷仲堪，仲堪有目病，固辞，恺之曰："明府当缘隐眼耳，若明点瞳子，飞白拂上，使如轻云之蔽目，岂不美乎？"

在写实的基础上美化，不背现实而能不丑。

李嗣真说："顾生思侔造化，得妙物于神会。"画维摩诘像："得清羸示病之容，隐几忘言之状。"

恺之（死于468年[①]，宗炳死于443年）每重嵇康四言诗，因为

[①] 应为409年。——编者注

南朝梁　张僧繇《五星二十八宿神形图》（局部）

之图，恒云："手挥五弦易，目送归鸿难。"传神之处难写，心胸超脱的所谓"远神"。（"意中流水意，愁外故山青。"）

张怀瓘云："顾公远思精微，襟灵莫测，虽寄迹翰墨，其神气飘然在烟霄之上，不可以图画间求。象人之美，张（僧繇）得其内，陆得其骨，顾得其神，神妙亡方，以顾为最。"

谢赫的《古画品录》出现于公元475年。

（一）"夫画品者，盖众画之优劣也。"

（二）"图绘者莫不明劝戒，著升沉，千载寂寥，披图可见。"

（三）艺术标准之永久性："迹有巧拙，艺无古今。"

（四）第一流作品，无可形容，超出品第评议的。陆探微："穷理尽性，事绝言象，包前孕后，古今独立，非复激扬所能称赞。但价重之极乎上上品之外，无他寄言，故屈标第一等。"

（五）记录并总结了画师应遵守的六法："一、气韵生动是也；二、骨法用笔是也；三、应物像形是也；四、随类赋彩是也；五、经营位置是也；六、传移模写是也。"

姚最《续古画品录》未把画家分为各种等级。只有对单个人的批评，非"品"。

谢赫："右写貌人物，不俟对看，所须一览，便工操笔，点刷研精，意在切似，目想毫发，皆无遗失，丽服靓妆，随时变改，直眉曲鬓，与世事新，别体细微，多自赫始。遂使委巷逐末，皆类效颦。至于气韵精灵，未穷生动之致。笔路纤弱，不副壮雅之怀，然中兴以后，众人莫及。"

张彦远说："中兴以来，像人为最。"立意构图，古代历史画，人物故事。狩猎。

《鹤山集》评"李龙眠"，"大抵公麟以立意为先，布置线饰为次"。

六法之次第：经营位置、应物像形、随类赋彩也。

郭若虚《图画见闻志》：

和张彦远隔二世纪，十一世纪宋代郭若虚续之。自会昌三年（843年）写至宋熙宁七年（1074年）。赞成张彦远，欲完成此工作，故从唐末叙起，体例仿张。全书六卷。一卷是系统的论文，十六篇，较简短，二卷以后，即史了。

特点为：

（一）推崇六法，确定气韵生动，关于天才，他说：

宋　李公麟《维摩演教图》(局部)

"六法精论，万古不移，然而骨法用笔以下五法可学，如其气韵，必在生知，固不可以巧密得，复不可以岁月到，默契神会，不知然而然也。"（《论气韵非师》）

（二）确定了画中士大夫的成分。说："尝试试论之，窃观自古奇迹，多是轩冕才贤，岩穴上士，依仁游艺，探颐钩深，高雅之情，一寄于画。人品既已高矣，气韵不得不高，气韵既已高矣，生动不得不至。"

从此劳动人民的画，与高级知识修养文化渐脱节，或为匠工之艺，称为"艺画"或"术画"，故云："凡画必周气韵，方号世珍。不尔，虽竭巧思，止同众工之事，虽曰画而非画。"

（三）用笔的理论因而更细。笔与书法更密合，士大夫画则"隶体""草书"。表现人品风格。

"夫内自足，然后神闲意定，神闲意定，则思不竭而笔不困也。……又有画三病，皆系用笔。所谓三者：一曰版，二曰刻，三曰结。版者腕弱笔痴，全亏取与，物状平褊，不能圆浑也。刻者运笔中疑，心手相戾，勾画之际，妄生圭角也。结者欲行不行，当散步散，似物凝碍，不能流畅也。"（《论用笔得失》）

（四）打破了崇古观念：

或问近代至艺与古人何如？答曰："近方古多不及，而过亦有之。若论佛道人物、士女牛马，则近不及古。若论山水林石、花竹禽鱼，则古不及近。"（《论古今优劣》）

见出历史发展趋势，不一味厚古薄今。

宋朝山水花卉，确达到过去最高峰，也是新辟画题，人才众多。张彦远时尚无此情况。该时壁画人物故事者占首要地位。

在山水中郭氏推重李成、关同、范宽。评论确当，今日所见画迹可证。

《论三家山水》："夫气象萧疏，烟林清旷，毫锋颖脱，峰峦浑厚，势状雄强，枪笔俱均，人屋皆质者，范氏之作也。"

在花卉中重黄筌、徐熙。并从二人生活环境，解说："黄家富贵，徐熙野逸。"（《论徐黄体异》）

他如张彦远称："吴道玄古今独步，前不见顾、陆，后无来者，授笔法于张旭，此又知书画用笔同矣。""张既号'书颠'，吴宜为'画圣'，神假天造，英灵不穷"。（《历代名画

宋　范宽《雪景寒林图》

记·论顾陆张吴用笔》）郭若虚《论吴生设色》："吴道子画，今古一人而已。"《论古今优劣》："吴生之作，为万世法，号曰画圣，不亦宜哉！"

郭氏全书关于理论的较少、较简，继承张彦远，关于实践的较多。这也是以后中国画论的主要趋势。

张彦远《历代名画记》：

张大概生于公元813年左右，在公元874年至879年（唐乾符中），他曾做过大理寺卿，这是一种掌刑法官，作《名画记》在公元847年（大中元年），那时他大概不过三十九岁。

他是世家，历代（五代）富藏法书名迹，后遭乱，皆失坠。彦远少时，恨不见家内所宝（卷一《叙画之兴废》），但在《法书要录·序》上曰：彦远自幼至长，习熟知见，竟不能学一字。因而"夙夜自责"。但《法书要录》后附了一篇一知撰人的《画谱本传》，上说他："富有典刑，而落笔不愧作者。……又尝以八分录前人诗什数章，至其仿古出奇，亦非凡子可到。"他自称："收藏鉴识，有一日之长，因采掇自古论书凡百篇，勒为十卷，名曰《法书要录》，又别撰《历代名画记》十卷，有好事者得余二书，书画之事毕矣。"

《名画记》全书十卷，四卷以下，包括自轩辕至唐会昌三百七十二个画家小传和品评。

卷一至卷三，是十五篇专门论文。标题是《叙画之源流》《叙画之兴废》《叙自古画人姓名》《论画六法》《论画山水树石》《论师资传授南北时代》《论顾陆张吴用笔》《论书体工用搨写》《论名价品第》《论鉴识收藏购求阅玩》《叙自古跋尾押署》《叙自古公私印记》《论装背裱轴》《记两京外州寺观画壁》《述古之秘画珍图》。内容博大精深，前无古人，后无继者。

元　柯九思《墨竹图》（局部）

约可分下列问题：

（一）艺之本质，形上的，道德的，政治的。"夫画者：成教化，助人伦"，"穷神变，测幽微，与五籍同功，四时并运。""图画者，治国之鸿宝，理乱之纪纲。"

（二）气是天生的，贵于创造，"发于天然，非由述作"。贵乎写实，贵乎气韵，而最要不得的是谨细。

论"吴道子'合造化之功，假吴生之笔'"。"运笔挥毫，自以为画，则愈失于画，运思挥毫，意不在于画，故得其画。"不论由理智操纵。

（三）根本问题在用笔，"形似皆本于立意，而归于用笔"。书画同源。(《论顾陆张吴用笔》)

（四）文人画。有教养、有文化的人，读万卷本，行万里路。杜甫，读书破万卷，下笔如有神。"立意"，此意，"简高诗人意"。李东阳曰："予尝题柯敬仲《墨竹》曰：'莫将画作论难易，刚道繁难简亦难，君看蒙蒙几片叶，满堂风雨不胜寒。'"（《麓堂诗话》）

（五）历史的分期：

"上古之画，迹简意淡而雅正，顾陆之流是也。中古之画，细密精致而臻丽，展郑之流是也。今人之画，错乱而无旨，众工之迹是也。"（《论画六法》）

以上五论，讲理论，下讲方法。

张氏批评方法：

（一）有标准。（《论名价品第》）

（二）在理论上要求不矛盾。指出谢赫矛盾处。

（三）从笔迹论画。（迹即相当后世所谓"墨"。）

（四）作时代划分的研究。见前。

模范的批评分析。

论画六法。

论顾陆张吴用笔。

在述画家中，顾恺之、戴逵、陆探微、宗炳、张僧繇、杨契丹、阎立本、吴道玄、韩幹九人，最值得玩味。

吴带当风，曹衣出水。

郭若虚《图画见闻志》："曹吴二体，学者所宗。"按张彦远称，北齐曹仲达，本曹国人，最推工画、梵像，是谓曹。

唐　吴道子《送子天王图》（局部）

谓吴道子曰吴。吴之笔，其势圜转而衣服飘举，曹之笔，其体稠叠而衣服紧窄，故后辈称之曰："吴带当风，曹衣出水。"

绘画风格与雕塑风格：

中国希腊皆绘画与雕刻画，一则主于雕，一则主于绘画。吴道子似塑，是似中国之塑，而中国之塑却似画。东坡诗中谓杨惠之雕"措意元同画"。《东坡集·过广爱寺见三学，师观杨惠之塑宝山朱瑶画文殊普贤三首》（滕固《唐代艺术特征》）

徐熙自撰《翠微堂记》云："落笔之际，未尝以傅色晕淡细碎为功。"此真无愧于前贤之称。

镜头，合谱。

盖叫天："练功要讲精气神和手眼身步法。要顾到舞台上的镜头，要练得合乎生活的谱，才能练得美。"

《明诗综》："蒋捷《欲晓行词》云：'月有微黄篱无影，挂牵牛数朵青花小。'盖此花日出即萎，晏起者不及睹也。"色彩淡宕，一幅优美画。淡中极浓，疏中见密。浅中见深。

希腊建筑凝静方整，戈提式笔直矗立（直线升腾），中国则如插翼缓飞（如翚斯飞），有节奏。

北京夏季登高全城，如一片大绿海，其中有金翅的鸟，飞翔各处，有似大海鸥，而比海鸥的单色更美。

罗丹认为，"体"是无数的"面"结合起来的，面有凸凹之面，有深度，中国则认为是"线""文""笔踪"结合的，不见笔踪，是为无画。

张彦远《论画六法》云："夫物象必在于形似，形似须全其骨气，骨气形似，皆本于立意，而归于用笔。故工画者多善书。"又"画有疏密二体"之分，"顾陆之神不可见其盼际，所谓笔迹周密也。张（僧繇）吴（道子）之妙，笔才一二，像已应焉，离披点画，时见缺落，此虽笔不周而意周也。若知画有疏密二体，方可议乎画。"（曹衣出水，密体？）

钟繇曰："笔迹者界也。疏美者人也。"虚，界，无厚。

宋赵希鹄《洞天清禄》云："画无笔迹，非谓其墨淡模糊，而无分晓也。正如善书者，如锥画沙，印印泥耳。画之藏锋，在乎执笔，沉着痛快。人能知善书执笔之法，则能知名笔无笔迹之痕。故古人如王大令，今人如米元章，善书必能善画，善画必能善书，实一事耳。"

郭熙曰："笔迹不混（浑）谓之疏，则无真意。"

"无笔迹""须见笔迹踪"，须理解此矛盾语（象与笔离）。须无笔迹者，不应见作造描画之痕迹。须见笔迹者，见到作者个性及其对于物象之把握观点，其笔法之超妙，此为中国画玩之对象。唯藏锋才能做到浑化无迹，物我融化为一（象与笔合），物中有我，我在物中，不夸张自我，凸出自我，而物象中自有我在。

元饶自然论书画一法曰："古人云：'画无笔迹，如书家之藏锋。'"元赵孟頫自题己画云："石如飞白木如籀，写竹应须八法通。"王绂亦云："画竹之法，干如篆，枝如草，叶如真，节如隶，所谓书画一法，信乎！？"

日人金原省吾曰："艺术之基础，不在点，不在面，不在块，而在线也。东洋画即以线构成，因有线，始有画面，故线为东洋画最初最终之要素。"线构画面，是虚的，非实的，空灵的。

宋韩拙《山水纯全集》云："笔以立其形质，墨以分其阴阳，山水悉从笔墨而成。"形质第一，阴阳第二。

罗丹："无数面以成其形质，因时亦以显其阴阳。"阴阳第一，形质第二。故印象派……

张彦远："古人画云，未为臻妙，若能沾湿绢素，点缀轻粉，纵口吹之，谓之吹云，此得天理，虽曰妙解，不见笔迹，故不谓之画。（按：画者，界也；界者，笔迹也。无笔迹，即无画矣。）如山水家有泼墨，亦不谓之画，不堪仿效。"邹小山谓郎世宁笔法全无，虽工亦匠，故不入画品。

书画同源，画在具体的反映现实形象，表达"飞走迟速""意浅之物"及"闲和严静"的趣远之心。书法不易表"飞走迟速"具体形象，而更能表达难形之闲和严静之心。此是"立意""萧条淡泊，难画之意，画者得之，览者未必识之。"书家亦得之，而成"晋尚韵，唐尚法，宋尚意，明尚态"各种不同之意境。（梁巘《评书帖》）

以线取形，线者具也。界为两物间之虚隙，今写其虚线，以构实体，实体反成为空白，成为虚境。于是化实为虚，足似寄意志情，笔笔踪迹，成为吾心之踪迹，同时，亦摄取了物之灵魂的踪迹，以融入吾心之踪迹。

石涛云："画立于一画。"谓"意"率领众笔一气到底，表出作者自己的意，意境。千笔万笔，只是一笔。一笔贯串全体，即意表现于全体，主观化为客观。由此一画，即个人用笔之贯串，产生意境，产生各人、各时代、各画派之风格（廿四诗品）。罗丹所云："物体中之无限凸凹，突窪，以阴阳面里表之。"中国亦发现物体中之无限凸凹，即皴是也。皴，皮上起无限皱也。《说文》：皴："皮细起也。"即不平之面，中国却以线文、皴法取之。西洋光影面化为线与空白、虚实。

南宋　马远　《踏歌图》

宿雨清畿甸
朝阳丽帝城
丰年人乐业
垄上踏歌行

罗丹描型法与中国皴法之别，亦即画与绘之别。缋是敷色，明暗（墨分五色），因为以表出无限凸凹，"皮细起"之不平的面。

孙过庭《书谱》："真以点画为形质，使转为性情（古典美：建筑美）；草以点画为性情，使转为形质（浪漫美：舞）。"形质、性情，一切艺术之构成元素。宋韩拙："笔以立其形质，墨以分其阴阳"。形质者，属于形质范畴。草书飞舞以性情为本质，点画为舞中暂凝定之形。性情，物的和我的合一，以我的体会物的……《梁书·武帝纪》："执笔触寒，手为皴裂。"形质，形式与质量，性情，性格（个性）与情感。真书如雕刻，草书如音乐舞蹈。

"意居形外曰媚，体外有余曰丽。"（窦蒙《字格》）

"晋书神韵潇洒，而流弊则轻散，唐贤矫之以法，整齐严谨，而流弊则拘苦，宋人思脱唐习，造意运笔，纵横有余，而韵不及晋，法不逮唐，元明厌宋之放轶，尚慕晋轨，然世代既降，风骨少弱。"（梁巘《评书帖》）

扬雄云："夫言，心声也；书，心画也。声，画，形，则君子，小人见也。"唐释誓光曰："书法犹释氏心印，发于心源，成于了悟。非口手所传。"

"诗缘情而绮靡（性情），赋体物而浏亮（形质）。"

雷简夫："……无物可寄其情，遽起作书，则心中之想，画在笔下矣。"（见《中西画法之空间意识》）

第三编 中国书法、音乐、建筑

音乐是人类最亲密的东西，人有口有喉，自己会吹奏歌唱，有时可以敲打、弹拨乐器，有身体动作可以舞蹈。音乐这门艺术可以备于人的一身，无待外求。

中国书法里的美学思想

唐孙过庭《书谱》里说："羲之写《乐毅》则情多怫郁，书《画赞》则意涉瑰奇，《黄庭经》则怡怿虚无，《太师箴》又纵横争折，暨乎《兰亭》兴集，思逸神超，私门诫誓，情拘志惨，所谓涉乐方笑，言哀已叹。"

人愉快时，面呈笑容，哀痛时放出悲声，这种内心情感也能在中国书法里表现出来，像在诗歌音乐里那样。别的民族写字还没有能达到这种境地的。中国的书法何以会有这种特点？

唐韩愈在他的《送高闲上人序》里说："张旭善草书，不治他技，喜怒窘穷，忧悲愉佚，怨恨思慕，酣醉无聊，不平有动于心，必于草书发之。观于物，见山水崖谷，鸟兽虫鱼，草木之花实，日月列星，风雨水火，雷霆霹雳，歌舞战斗，天地事物之变可喜可愕一寓于书，故旭之书动犹鬼神，不可端倪，以终其身而名后世。"张旭的书法不但抒写自己的情感，也表出自然界各种变动的形象。但这些形象是通过他的情感

唐　孙过庭《书谱》(局部)

所体会的，是"可喜可愕"的；他在表达自己的情感中同时反映出或暗示着自然界的各种形象。或借着这些形象的概括来暗示着他自己对这些形象的情感。这些形象在他的书法里不是事物的刻画，而是情景交融的"意境"，像中国画，更像音乐，像舞蹈，像优美的建筑。

现在我们再引一段书家自己的表白。后汉大书家蔡邕说："凡欲结构字体，皆须像其一物，若鸟之形，若虫食禾，若山若树，纵横有托，运用合度，方可谓书。"元代赵子昂写"子"字时，先习画鸟飞之形"❀"，使子字有这鸟飞形象的暗示。他写"为"字时，习画鼠形数种，穷极它的变化，如❀、❀、❀。他从"为"字得到"鼠"形的暗示，因而积极地观察鼠的生动形象，吸取着深一层的对生命形象的构思，使"为"字更有生气、更有意味、内容丰裕。这字已不仅是一个表达概念的符号，而是一个表现生命的单位，书家用字的结构来表达物象的结构和生气勃勃的动作了。

这个生气勃勃的自然界的形象，它的本来的形体和生命，是由什么构成的呢？我们的常识就知道：一个有生命的躯体是由骨、肉、筋、血构成的。"骨"是生物体最基本的间架，由于骨，一个生物体才能站立起来和行动。附在骨上的筋是一切动作的主持者，筋是我们运动感的源泉。敷在骨筋外面的肉，包裹着它们而使一个生命体有了形象，流贯在筋肉中的血液营养着、滋润着全部形体。有了骨、筋、肉、血，一个生命体诞生了。中国古代的书家要想使"字"也表现生命，成为反映生命的艺术，就须用他所具有的方法和工具在字里表现出一个生命体的骨、筋、肉、血的感觉来。但在这里不是完全像绘画，直接模示客观形体，而是通过较抽象的点、线、笔画，使我们从情感和想象里体会到客体形象里的骨、筋、肉、血，就像音乐和建筑也能通过诉之于我们情感及身体直感的形象来启示人类的生活内容和意义。

中国人写的字，能够成为艺术品，有两个主要因素：一是由于中国字的起始是象形的，二是中国人用的笔。许慎《说文·序》解释文字的定义说：仓颉之初作书，盖依类象形，故谓之文，其后形声相益，即谓之字，字者，言孳乳而浸多也（此依大徐［徐铉］本，段玉裁据《左传正义》，补"文者物象之本"句），文和字是对峙的。单体的字，像水木，是"文"，复体的字，像江河杞柳，是"字"，是由"形声相益，孳乳浸多"而来的。写字在古代正确的称呼是"书"。书者如也，书的任务是如，写出来的字要"如"我们心中对于物象的把握和理解。用抽象的点画表出"物象之本"，这也就是说物象中的"文"，就是交织在一个物象里或物象和物象的相互关系里的条理：长短、大小、疏密、朝揖、应接、向背、穿插等的规律和结构。而这个被把握到的"文"，同时又反映着人对它们的情感反应。这种"因情生文，因文见情"的字就升华到艺术境界，具有艺术价值而成为美学的对象了。

第二个主要因素是笔。书字从聿（yù），聿就是笔，篆文聿，像手把笔，笔杆下扎了毛。殷朝人就有了笔，这个特殊的工具才使中国人的书法有可能成为一种世界独特的艺术，也使中国画有了独特的风格。中国人的笔是把兽毛（主要用兔毛）捆缚起做成的。它铺毫抽锋，极富弹性，所以巨细收纵，变化无穷。这是欧洲人用鹅管笔、钢笔、铅笔以及油画笔所不能比的。从殷朝发明了和运用了这支笔，创造了书法艺术，历代不断有伟大的发展，到唐代各门艺术都发展到极盛的时候，唐太宗李世民独独宝爱晋人王羲之所写的兰亭序，临死时不能割舍，恳求他的儿子让他带进棺去。可以想见在中国艺术最高峰时期中国书法艺术所占的地位了。这是怎样可能的呢？

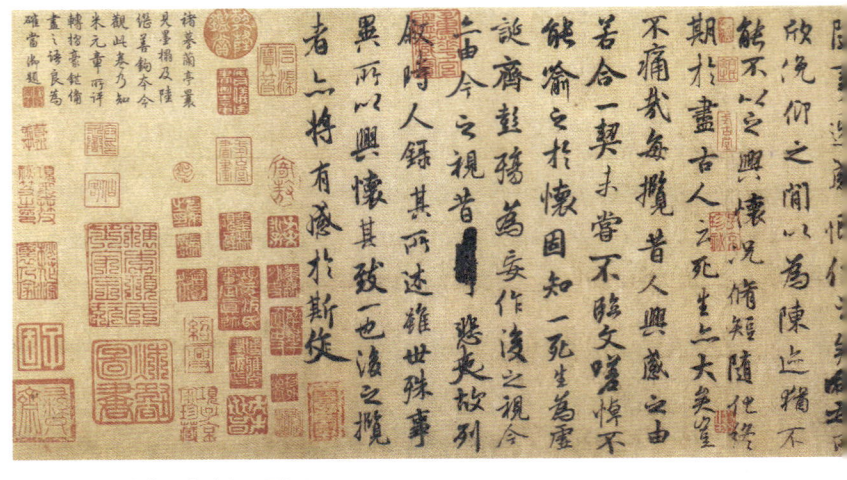

唐　褚遂良《摹兰亭序》（局部）

我们前面已说过是基于两个主要因素，一是中国字在起始的时候是象形的，这种形象化的意境在后来"孳乳浸多"的"字体"里仍然潜存着，暗示着。在字的笔画里、结构里、章法里，显示着形象里面的骨、筋、肉、血，以至于动作的关联。后来从象形到谐声，形声相益，更丰富了"字"的形象意境，像江字、河字，令人仿佛目睹水流，耳闻汩汩的水声。所以唐人的一首绝句若用优美的书法写了出来，不但是使我们领略诗情，也同时如睹画境。诗句写成对联条幅挂在壁上，美的享受不亚于画，而且也是一种综合艺术，像中国其他许多艺术那样。

中国文字成熟可分三期：一、纯图画期；二、图画佐文字期；三、纯文字期。纯图画期，是以图画表达思想，全无文字。如鼎文（殷文存上，一上）：

像一人抱小儿，作为"尸"来祭祀祖先。礼："君子抱孙不抱子。"

又如觚文（殷文存下，廿四下）：

像一人持钺献俘的情形。

叶玉森的《铁云藏龟拾遗》里第六页影印殷虚甲骨上一字为猿猴形，神态毕肖，想见殷人用笔画抓住"物象之本""物象之文"的技能。

像这类用图画表达思想的例子很多。后来到"图画佐文字时期"，在一篇文字里往往夹杂着鸟兽等形象，我们说中国书画同源是有根据的。而且在整个历史上画和书法的密切关系始终保持着，要研究中国画的特点，不能不研究中国书法。我从前曾经说过，写西方美术史，往往拿西方各时代建筑风格的变迁做骨干来贯串，中国建筑风格的变迁不大，不能用来区别各时代绘画雕塑风格的变迁。而书法却自殷代以来，风格的变迁很显著，可以代替建筑在西方美术史上的地位，凭借它来窥探各个时代艺术风格的特征。这个工作尚待我们去做，这里不过是一个提议罢了。

我们现在谈谈中国书艺里的用笔、结体、章法所表现的美学思想，我们在此不能多谈到书法用笔的技术性方面的问题。这方面，古人已讲得极多了。我只谈谈用笔里的美学思想。中国文字的发展，由模写形象里的"文"，到孳乳浸多的"字"，象形字在量的方面减少了，代替它的是抽象的点线笔画所构成的字体。通过结构的疏密、点画的轻重、行笔的缓急，表现作者对形象的情感，发抒自己的意境，就像音乐艺术从自然界的群声里抽出纯洁的"乐音"来，发展这乐音间相互结合的规律。用强弱、高低、节奏、旋律等有规则的变化来表现自然界社会界的形象和自心的情感。近代法国大雕刻家罗丹曾经对德国女画家娜斯蒂兹说："一个规定的线（文）通贯着大宇宙，赋予了一切被创造物。如果他们在线里面运行着，而自觉着自由自在，那是不会产生出任何丑陋的东西来的。希腊人因此深入地研究了自然，他们的完美是从这里来

西周《大盂鼎铭文》

的，不是从一个抽象的'理念'来的。人的身体是一座庙宇，具有神样的诸形式。"又说："表现在一胸像造形里的要务，是寻找那特征的线文。低能的艺术家很少具有这胆量单独地强调出那要紧的线，这需要一种决断力，像仅有少数人才能具有的那样。"

我们古代伟大的先民就属于罗丹所说的少数人。古人传述仓颉造字时的情形说："颉首四目，通于神明，仰观奎星圆曲之势，俯察龟文鸟迹之象，博采众美，合而为字。"仓颉并不是真的有四只眼睛，而是说他象征着人类从猿进化到人，两手解放了，全身直立，因而双眼能仰观天文、俯察地理，好像增加了两个眼睛，他能够全面地、综合地把握世界，透视那通贯着大宇宙赋予了万物的规定的线，因而能在脑筋里构造概念，又用"文""字"来表示这些概念。"人"诞生了，文明诞生了，中国的书法也诞生了。中国最早的文字就具有美的性质。邓以蛰先生在《书法之欣赏》里说得好："甲骨文字，其为书法抑纯为符号，今固难言，然就书之全体而论，一方面固纯为横竖转折之笔画所组成，若后之施于真书之'永字八法'，当然无此繁杂之笔调。他方面横竖转折却有其结构之意，行次有其左行右行之分，又以上下字连贯之关系，俨然有其笔画之可增可减，如后之行草书然者。至其悬针垂韭之笔致，横直转折，安排紧凑，四方三角等之配合，空白疏密之调和，诸如此类，竟能给一段文字以全篇之美观，此美莫非来自意境而为当时书家之精心结撰可知也。至于钟鼎彝器之款识铭词，其书法之圆转委婉，结体行次之疏密，虽有优劣，其优者使人见之如仰观满天星斗，精神四射。古人言仓颉造字之初云：'颉首四目，通于神明，仰观奎星圆曲之势，俯察龟文鸟迹之象，博采众美，合而为字'，今以此语形容吾人观看长篇钟鼎铭词如毛公鼎、散氏盘之感觉，最为恰当。石鼓以下，又加以停匀整齐之美。至始皇诸刻石，笔致虽仍为篆体，而结体行次，整齐之外，并见端庄，不仅直行之空白如一，横行亦如之，此种整齐端庄之美至汉碑八分而至其极，凡此皆字之于形式之外，所以致乎美之意境也。"

邓先生这段话说出了中国书法在创造伊始，就在实用之外，同时走上艺术美的方向，使中国书法不像其他民族的文字，停留在作为符号的阶段，而成为表达民族美感的工具。

中国古代的音乐美学思想

一、关于《乐记》

中国古代思想家对于音乐，特别对于音乐的社会作用、政治作用，向来是十分重视的。早在先秦，就产生了一部在音乐美学方面带有总结性的著作，就是有名的《乐记》。

《乐记》提供了一个相当完整的体系，对后代影响极大。对于这本书的内容，郭沫若曾经作了详细的分析（参看《青铜时代》一书中《公孙尼子与其音乐理论》一文）。我们现在只想补充两点：

（一）《乐记》，照古籍记载，本来有二十三篇或二十四篇。前十一篇是现存的《乐记》，后十二篇是关于音乐演奏、舞蹈表演等方面技术的记载，《礼记》没有收进去，后来失传了，只留下了前十一篇关于理论的部分，这是一个损失。

为什么要提到这一点呢？是为了说明，中国古代的音乐理论是全面的，它并不限于抽象的理论而轻视实践的材料。事实上，关于实践的记述，往往就能提供理论的启发。

（二）《乐记》最突出的特点，是强调音乐和政治的关系。一方面，强调维持等级社会的秩序，所谓"天地之序"——这就是"礼"，一方面强调争取民心，保持整个社会的谐和，所谓"天地之为"——这就是"乐"：两方面统一起来，达到巩固等级制度的目的。有人否认《乐记》的阶级内容，那是很错误的。

二、从逻辑语言走到音乐语言

中国民族音乐，从古到今，都是声乐占主导地位。所谓"丝不如竹，竹不如肉，渐近自然也。"（《世说新语》）

中国古代所谓"乐"，并非纯粹的音乐，而是舞蹈、歌唱、表演的一种综合。《乐记》上有一段记载：

> 故歌者，上如抗，下如队，曲如折，止如槁木，居中矩，句中钩，累累乎端如贯珠。故歌之为言也，长言之也。说之故言之，言之不足故长言之，长言之不足故嗟叹之，嗟叹之不足，故不知手之舞之，足之蹈之也。

"歌"是"言"，但不是普通的"言"，而是一种"长言"。

南唐　周文矩　合乐图（局部）

"长言"即入腔，成了一个腔调，从逻辑语言、科学语言走入音乐语言、艺术语言。为什么要"长言"呢？就是因为这是一个情感的语言。"悦之故言之"，因为快乐，情不自禁，就要说出，普通的语言不够表达，就要"长言之"和"嗟叹之"（入腔和行腔），这就到了歌唱的境界。更进一步心情的激动要以动作来表现就走到了舞蹈的境界，所谓"嗟叹之不足，故不知手之舞之，足之蹈之也"。这种思想在当时较为普遍。《诗大序》也说了相类似的话："情动于中而形于言，言之不足故嗟叹之，嗟叹之不足故永歌之，永歌之不足，不知手之舞之，足之蹈之也。"这也是说，逻辑语言，由于情感之推动，产生飞跃，成为音乐的语言，成为舞蹈。

那么，这推动逻辑语言使成为音乐语言的情感又是怎么产生的呢?古代思想家认为,情感产生于社会的劳动生活和阶级的压迫,所谓"男女有所怨恨,相从为歌。饥者歌其食,劳者歌其事"(见《公羊传》宣公十五年何休注。韩诗外传,嵇康《声无哀乐论》)。这显然是一种进步的美学思想。

三、"声中无字,字中有声"

从逻辑语言进到音乐语言,就产生了一个"字"和"声"的关系问题。

"字"就是概念,表现人的思想。思想应该正确反映客观真实,所以"字"里要求"真"。音乐中有了"字",就有了属于人、与人有密切联系的内容。但是"字"还要转化为"声",变成歌唱,走到音乐境界。这就是表现真理的语言要进入到美。"真"要融化在"美"里面。"字"与"声"的关系,就是"真"与"美"的关系。只谈"美",不谈"真",就是形式主义、唯美主义。既真又美,这是梅兰芳一生追求的目标。他运用传统唱腔,表现真实的生活和真实的情感,创造出真切动人的新的美,成为一代大师。

宋代的沈括谈到过"字"与"声"的关系,提出了中国歌唱艺术的一条重要规律:"声中无字,字中有声。"他说:

> 古之善歌者有语,谓"当使声中无字,字中有

梅兰芳剧照

声"。凡曲，止是一声清浊高下如萦缕耳，字则有喉唇齿舌等音不同。当使字字举本皆轻圆，悉融入声中，令转换处无磊磈，此谓"声中无字"，古人谓之"如贯珠"，今谓之"善过度"是也。如宫声字而曲合用商声，则能转宫为商歌之，此"字中有声"也，善歌者谓之"内里声"。不善歌者，声无抑扬，谓之"念曲"；声无含韫，谓之"叫曲"。

(《梦溪笔谈》卷五)

"字中有声"，这比较好理解。但是什么叫"声中无字"呢？是不是说，在歌唱中要把"字"取消呢？是的，正是说要把"字"取消。但又并非完全取消，而是把它融化了，把"字"解剖为头、腹、尾三个部分，化成为"腔"。"字"被否定了，但"字"的内容在歌唱中反而得到了充分的表达。取消了"字"，却把它提高和充实了，这就叫"扬弃"。"弃"是取消，"扬"是提高。这是辩证的过程。

戏曲表演里讲究的"咬字行腔"，就体现了这条规律。"字"和"腔"就是中国歌唱的基本元素。咬字要清楚，因为"字"是表现思想内容，反映客观现实的。但为了充分的表达，还要从"字"引出"腔"。程砚秋说："咬字就如猫抓老鼠，不一下子抓死，既要抓住，又要保存活的。"这样才能既有内容的表达，又有艺术的韵味。

"咬字行腔",是结合现实而不断发展的。例如马泰在评剧《夺印》中,通过声音的抑扬高低,表现了人物的高度政治原则性。这在唱腔方面就有所发展。近来在京剧演现代戏里更接触到从生活出发,从人物出发来发展和改进京剧唱腔和曲调的问题,值得我们注意。

四、务头

戏曲歌唱里有所谓"务头",牵涉到艺术的内容和形式等问题,所以我们在此简略地谈一谈。

什么叫"务头"?"曲调之声情,常与文情相配合,其最胜妙处,名曰'务头'。"(童斐伯《中乐寻源》)这是说,"务头"是指精彩的文字和精彩的曲调的一种互相配合的关系。一篇文章不能从头到尾都精彩,必须有平淡来突出精彩。人的精彩在"眼"。失去眼神,就等于是泥塑木雕。诗中也有"眼"。"眼"是表情的,特别引起人们的注意。曲中就叫"务头"。李渔说:

> 曲中有"务头",犹棋中有眼,有此则活,无此则死。进不可战,退不可守者,无眼之棋,死棋也;看不动情,唱不发调者,无"务头"之曲,死曲也。一曲有一曲之"务头",一句有一句之"务头",字

不聱牙，音不泛调，一曲中得此一句即使全曲皆灵，一句中得此一二字即使全句皆健者，"务头"也。由此推之，则不特曲有"务头"，诗、词、歌、赋以及举子业，无一不有"务头"矣。

（《闲情偶寄·别解务头》）

从这段话可以看出，"务头"的问题，并不限于戏曲的范围，它包含有各种艺术共有的某些一般规律性的内容。近人吴梅在《顾曲麈谈》里对"务头"有更深入的、确切的说明。

中国古代音乐寓言与音乐思想

寓言，是有所寄托之言。《史记》上说："庄周著书十余万言，大抵率寓言也。"庄周书里随处都见到用故事、神话来说出他的思想和理解。我这里所说的寓言包括神话、传说、故事。音乐是人类最亲密的东西，人有口有喉，自己会吹奏歌唱，有时可以敲打、弹拨乐器；有身体动作可以舞蹈。音乐这门艺术可以备于人的一身，无待外求。所以在人群生活中发展得最早，在生活里的势力和影响也最大。诗、歌、舞及拟容动作，戏剧表演，极早时就结合在一起。但是对我们最亲密的东西并不就是最被认识和理解的东西，所谓"百姓日用而不知"。所以古代人民对音乐这一现象感到神奇，对它半理解半不理解。尤其是人们在很早就在弦上管上发见音乐规律里的数的比例，那样严整，叫人惊奇。中国人早就把律、度、量、衡结合，从时间性的音律来规定空间性的度量，又从音律来测量气候，把音律和时间中的历结合起来（甚至于凭音来测地下的深度，见《管子》）。太史公在《史记》里说："阴阳之施化，万物之终始,既类旅于律吕,又经历于日辰,而变化之情可见矣。"变化之情除数学的测定外,还可从律吕来把握。

希腊哲学家毕达哥拉斯发现琴弦上的长短和音高成数的比例,他见到我们情感体验里最深秘难传的东西——音乐,竟和我们脑筋里把握得最清晰的数学有着奇异的结合,觉得自己是窥见宇宙的秘密了。后来西方科学就凭数学这把钥匙来启开大自然这把锁,音乐却又是直接地把宇宙的数理秩序诉之于情感世界,音乐的神秘性是加深了,不是减弱了。

音乐在人类生活及意识里这样广泛而深刻的影响,就在古代以及后来产生了许多美丽的音乐神话、故事传说。哲学家也用音乐的寓言来寄寓他的最深难表的思想,像庄子。欧洲古代,尤其是近代浪漫派思想家、文学家爱好音乐,也用音乐故事来表白他们的思想,像德国文人蒂克的小说。

我今天就是想谈谈音乐故事、神话、传说,这里寄寓着古代对音乐的理解和思想。我总合地称它们做音乐寓言。太史公在《史记》上说庄子书中大抵是寓言,庄子用丰富、活泼、生动、微妙的寓言表白他的思想,有一段很重要的音乐寓言,我也要谈到。

先谈谈音乐是什么?《礼记》里《乐记》上说得好:"凡音之起,由人心生也。人心之动,物使之然也。感于物而动,故形于声。声相应,故生变,变成方,谓之音。比音而乐之,及干戚羽旄,谓之乐。"

约公元前 490 年　古希腊陶罐

构成音乐的音，不是一般的嘈声、响声，乃是"声相应，故生变，变成方，谓之音"。是由一般声里提出来的。能和"声相应"，能"变成方"，即参加了乐律里的音。所以《乐记》又说："声成文，谓之音。"乐音是清音，不是凡响。由乐音构成乐曲，成功音乐形象。

这种合于律的音和音组织起来，就是"比音而乐之"，它里面含着节奏、和声、旋律。用节奏、和声、旋律构成的音乐形象，和舞蹈、诗歌结合起来，就在绘画、雕塑、文学等造型艺术以外，拿它独特的形式传达生活的意境，各种情感的起伏节奏。一个堕落的阶级，生活颓废，心灵空虚，也就没有了生活的节奏与和谐。他们的所谓音乐就成了嘈声杂响,创造不出旋律来表现有深度有意义的生命境界。节奏、和声、旋律是音乐的核心,它是形式,也是内容。它是最微妙的创造性的形式,也就启示着最深刻的内容,形式与内容在这里是水乳难分了。音乐这种特殊的表现和它的深厚的感染力使得古代人民不断地探索它的秘密,用神话、传说来寄寓他们对音乐的领悟和理想。我现在先介绍欧洲的两个音乐故事。一个是古代的,一个是近代的。

古代希腊传说着歌者奥尔菲斯的故事说:歌者奥尔菲斯,他是首先给予木石以名号的人,他凭借这名号催眠了它们,使它们像着了魔,解脱了自己,追随他走。他走到一块空旷的地方,弹起他的七弦琴来,这空场上竟涌现出一个市场。音乐演奏完了,旋律和节奏却凝住不散,表现在市场建筑里。市民们在这个由音乐凝成的城市里来往漫步,周旋在永恒的韵律之中。歌德谈到这段神话时,曾经指出人们在罗马彼得大教堂里散步也会有这同样的经验,会觉得自己是游泳在石柱林的乐奏的享受中。所以在十九世纪初,德国浪漫派文学家口里流传着一句话说:"建筑是凝冻着的音乐。"说这话的第一个据说是浪漫主义哲学家谢林,歌德认为这是一个美丽的思想。到了十九世纪中叶,音乐理论家和作曲家姆尼兹·豪普德曼把这句话倒转过来,他在他的名著《和声和节拍的本性》里称呼音乐是"流动着的建筑"。这话的意思是说音乐虽是在时间里流逝不停的演奏着,但它的内部却具有着极严整的形式,间架和结构,依顺着和声、节奏、旋律的规律,像一座建筑物那样。它里面有着数学的比例。我现在再谈谈近代法国诗人梵乐希写了一本论建筑的书,名叫《优班尼欧斯或论建筑》。这里有一段话,是叙述一位建筑师和他的朋友费得诺斯在郊原散步时的谈话,他对费说:"听呵,费得诺斯,这个小庙,离这里几步路,我替赫尔墨斯建造的,假使你知道,它对我的意义是什么?当过路的人看见它,不外是一个丰姿绰约的小庙,——一件小东西,四根石柱在一单纯的体式中——我在它里面却寄寓着我生命里一个光明日子的回忆,啊,甜蜜可爱的变化呀!这个窈窕的小庙宇,没有人想到,它是一个珂玲斯女郎的数学的造像呀!这个我曾幸福地恋爱着的女郎,这小庙是很忠实地复示着她的身体的特殊的比例,它为我活着。我寄寓于它的,它回赐给我。"费得诺斯说:"怪不得它有这般不可思议的窈窕呢!人在它里面真能感觉到一个人格的存在,一个女子的奇花初放,一个可爱的人儿的音乐的和谐。它唤醒一个不能达到边缘的回忆。而这个造型的开始——它的完成是你所占有的——已经足够解放心灵同时惊撼着它。倘使我放肆我的想象,我就要,你晓得,把它唤做一阕新婚的歌,里面夹着清亮的笛声,我现在已听到它在我内心里升起来了。"

这寓言里面有三个对象:

(一)一个少女的窈窕的躯体——它的美妙的比例,它的

意大利　圣彼得广场柱廊
（图片来源：Flickr 网站　摄影：Brian Jeffery Beggerly　图片有修改）

微妙的数学构造。

（二）但这躯体的比例却又是流动的，是活人的生动的节奏、韵律；它在人们的想象里展开成为一出新婚的歌曲，里面夹着清脆的笛声，闪灼着愉快的亮光。

（三）这少女的躯体，它的数学的结构，在她的爱人的手里却实现成为一座云石的小建筑，一个希腊的小庙宇。这四根石柱由于微妙的数学关系发出音响的清韵，传出少女的幽姿，它的不可模拟的谐和正表达着少女的体态。艺术家把他的梦寐中的爱人永远凝结在这不朽的建筑里，就像印度的夏吉汗为纪念他的美丽的爱妻塔姬建造了那座闻名世界的塔姬后陵墓。这一建筑在月光下展开一个美不可言的幽境，令人仿佛见到夏吉汗的痴爱和那不可再见的美人永远凝结不散，像一曲歌。

从梵乐希那个故事里，我们见到音乐和建筑和生活的三角关系。生活的经历是主体，音乐用旋律、和谐、节奏把它提高、深化、概括，建筑又用比例、匀衡、节奏，把它在空间里形象化。

这音乐和建筑里的形式美不是空洞的，而正是最深入地体现出心灵所把握到的对象的本质。就像科学家用高度抽象的数学方程式探索物质的核心那样。"真"和"美"，"具体"和"抽象"，在这里是出于一个源泉，归结到一个成果。

在中国的古代，孔子是个极爱音乐的人，也是最懂得音乐的人。《论语》上说他在齐闻韶，三个月不知肉味。曰："不图为乐之至于斯也！"他极简约而精确地说出一个乐曲的构造。

印度　泰姬陵（图片来源：Flickr 网站　摄影：Kyle Hasegawa　图片有修改）

《论语·八佾》篇载：子语鲁太师乐曰："乐，其可知也；始作，翕如也。从之，纯如也。皦如也。绎如也。以成。"起始，众音齐奏。展开后，协调着向前演进，音调纯洁。继之，聚精会神，达到高峰，主题突出，音调响亮。最后，收声落调，余音袅袅，情韵不匮，乐曲在意味隽永里完成。这是多么简约而美妙的描述呀！

但是孔子不只是欣赏音乐的形式的美，他更重视音乐的内容的善。《论语·八佾》篇又记载："子谓韶，尽美矣，又尽善也。谓武，尽美矣，未尽善也。"这善不只是表现在古代所谓圣人的德行事功里,也表现在一个初生的婴儿的纯洁的目光里面。西汉刘向的《说苑》里记述一段故事说:"孔子至齐郭门外,遇婴儿,其视精,其心正,其行端,孔子曰:'趣驱之,趣驱之,韶乐将作。'"他看见这婴儿的眼睛里天真圣洁,神一般的境界,非常感动,叫他的御者快些走近到他那里去,韶乐将升起了。他把这婴儿的心灵的美比做他素来最爱敬的韶乐,认为这是韶乐所启示的内容。由于音乐能启示这深厚的内容,孔子重视它的教育意义,他不要放郑声,因郑声淫,是太过,太刺激,不够朴质。他是主张文质彬彬的,主张绘事后素,礼同乐是要基于内容的美的。所以《子罕》篇记载他晚年说:"吾自卫反鲁,然后乐正,雅颂各得其所。"他的正乐,大概就是将三百篇的诗整理得能上管弦,而且合于韶武雅颂之音。

孔子这样重视音乐,了解音乐,他自己的生活也音乐化了。这就是生活里把"条理"规律与"活泼的生命情趣"结合起来,就像音乐把音乐形式同情感内容结合起来那样。所以孟子赞扬孔子说:"孔子,圣之时者也。孔子之谓集大成,集大成也者,金声而玉振之也。金声也者,始条理也。玉振之也者,终条理也。始条理者,智之事也。终条理者,圣之事也。智,譬则巧也;圣,譬则力也。由射于百步之外也,其至尔力也,其中,非尔力也。"力与智结合,才有"中"的可能。艺术的创造也是这样。艺术创作的完成,所谓"中",

不是简单的事。"其中，非尔力也"光有力还不能保证它的必"中"呢！

从我上面所讲的故事和寓言里，我们看见音乐可能表达的三方面。（一）是形象的和抒情的：一个爱人的躯体的美可以由一个建筑物的数字形象传达出来，而这形象又好像是一曲新婚的歌。（二）是婴儿的一双眼睛令人感到心灵的天真圣洁，竟会引起孔子认为韶乐将作。（三）是孔子的丰富的人格是形式与内容的统一，始条理和终条理，像一金声而玉振的交响乐。

《乐记》上说："歌者直己而陈德也。动己而天地应焉，四时和焉，星辰理焉，万物育焉。"中国古代人这样尊重歌者，不是和希腊神话里赞颂奥尔菲斯一样吗？但也可以从这里面看出它们的差别来。希腊半岛上城邦人民的意识更着重在城市生活里的秩序和组织，中国的广大平原的农业社会却以天地四时为主要环境，人们的生产劳动是和天地四时的节奏相适应。古人曾说，"同动谓之静"，这就是说，流动中有秩序，音乐里有建筑，动中有静。

希腊从梭龙到柏拉图都曾替城邦立法，着重在齐同划一，中国哲学家却认为"乐者天地之和，礼者天地之序"，"大乐与天地同和，大礼与天地同节"（《乐记》），更倾向着"和而不同"，气象宏廓，这就是更倾向"乐"的和谐与节奏。因而中国古代的音乐思想，从孔子的论乐、荀子的《乐论》到《礼记》里的《乐记》——《乐记》里什么是公孙尼子的原来的著作，尚待我们研究，但其中却包含着中国古代极为重要的宇宙观念、政教思想和艺术见解。就像我们研究西洋哲学必须理解数学、几何学那样，研究中国古代哲学也要理解中国音乐思想。数学与音乐是中西古代哲学思维里的灵魂呀！（两汉哲学里的音乐思想和嵇康的《声无哀乐论》都极重要。）数理的智慧与音乐的智慧构成哲学智慧。中国在哲学发展里曾经丧失了数学智慧与音乐智慧的结合，堕入庸俗。西方在毕达哥拉斯以后割裂了数学智慧与音乐智慧。数学孕育了自然科学，音乐独立发展为近代交响乐与歌剧，资产阶级的文化显得支离破碎。社会主义将为中国创造数学智慧与音乐智慧的新综合，替人类建立幸福的丰饶的生活和真正的文化。

我们在《乐记》里见到音乐思想与数学思想的密切结合。《乐记》上《乐象》篇里赞美音乐，说它"清明像天，广大像地，终始像四时，周旋像风雨，五色成文而不乱，八风从律而不奸，百度得数而有常。小大相成，终始相生，倡和清浊，迭相为经，故乐行而伦清，耳目聪明，血气和平，移风易俗，天下皆宁"。在这段话里见到音乐能够表象宇宙，内具规律的度数，对人类的精神和社会生活有良好影响，可以满足人们在哲学探讨里追求真、善、美的要求。音乐和度数和道德在源头上是结合着的。《乐记·师乙》篇上说："夫歌者直己而陈德也。动己而天地应焉，四时和焉，星辰理焉，万物育焉。"

德的范围很广，文治、武功、人的品德都是音乐所能陈述的德。所以《尚书·舜典》篇上说："帝曰：夔，命汝典乐，教胄子，直而温，宽而栗，刚而无虐，简而无傲。诗言志，歌永言，声依永，律和声，八音克谐，无相夺伦，神人以和，夔曰：於，予击石，拊石，百兽率舞。"

关于音乐表现德的形象，《乐记》上记载有关于大武的乐舞的一段，很详细，可以令人想见古代乐舞的"容"，这是表象周武王的武功，里面种种动作，含有戏剧的意味。同戏不同的地方就是乐人演奏时的衣服和舞时动作是一律相同的。这一段的内容是："且夫武，始而北出，再成而灭商，三成而南，四成而南国是疆，五成分，周公左，召公右，六成复缀，以崇。天子夹振之，而驷伐，盛威于中国也。分夹而进，事蚤济也。久立于缀，以待诸侯之至也。"郑康成注曰："成，犹奏也，每奏武曲，一终为一成。始奏，像观兵盟津时也。再奏，像克殷时也。三奏，像克殷有余力而返也。四奏，像南方荆蛮之国侵畔者服也。五奏，像周公召公分职而治也。六奏，像兵还振旅也。复缀，反位止也。驷，当为四，声之误也。每奏四伐，一击一刺为一伐。分犹部曲也，事犹为也。济，成也。舞者各有部曲之列，又夹振之者，像用兵务于早成也。久立于缀，像武王伐纣待诸侯也。"（见《乐记·宾牟贾》篇）

我们在这里见到舞蹈、戏剧、诗歌和音乐的原始的结合。

所以《乐象》篇又说:"德者,性之端也。乐者,德之华也。金石丝竹,乐之器也。诗,言其志也。歌,咏其声也。舞,动其容也。三者本于心,然后乐器从之。是故情深而文明,气盛而化神,和顺积中而英华发外,唯乐不可以为伪。"

古代哲学家认识到乐的境界是极为丰富而又高尚的,它是文化的集中和提高的表现。"情深而文明,气盛而化神,和顺积中而英华发外。"这是多么精神饱满,生活力旺盛的民族表现。"乐"的表现人生是"不可以为伪",就像数学能够表示自然规律里的真那样,音乐表现生活里的真。

我们读到东汉傅毅所写的《舞赋》,它里面有一段细致生动的描绘,不但替我们记录了汉代歌舞的实况,表出这舞蹈的多采而精妙的艺术性。而最难得的,是他描绘舞蹈里领舞女子的精神高超,意象旷远,就像希腊艺术家塑造的人像往往表现不凡的神境,高贵纯朴,静穆庄丽。但傅毅所塑造的形象却更能艳若春花,清如白鹤,令人感到华美而飘逸。这是在我以上的引述的几种音乐形象之外,另具一格的。我们在这些艺术形象里见到艺术净化人生,提高精神境界的作用。

王世襄同志曾把《舞赋》里这一段描绘译成语体文,刊载音乐出版社《民族音乐研究论文集》第一集。傅毅的原文收在《昭明文选》里,可以参看。我现在把译文的一段介绍于下,便于读者欣赏:

当舞台之上可以蹈踏出音乐来的鼓已经摆放好

东汉石刻

汉代陶俑

了，舞者的心情非常安闲舒适。她将神志寄托在遥远的地方，没有任何的挂碍。（原文：舒意自广，游心无垠，远思长想……）舞蹈开始的时候，舞者忽而俯身向下，忽而仰面向上，忽而跳过来，忽而跳过去。仪态是那样的雍容惆怅，简直难以用具体形象来形容。（原文：其始兴也，若俯若仰，若来若往，雍容惆怅，不可为象。）再舞了一会儿，她的舞姿又像要飞起来，又像在行走，又猛然耸立着身子，又忽地要倾斜下来。她不加思索的每一个动作，以至手的一指，眼睛的一瞥，都应着音乐的节拍。（原文：其少进也，若翱若行，若竦若倾，兀动赴度，指顾应声。）

轻柔的罗衣，随着风飘扬，长长的袖子，不时左右的交横，飞舞挥动，络绎不停，宛转萦绕，也合乎曲调的快慢。（原文：罗衣从风，长袖交横，骆驿飞散，飒擖合并。）她的轻而稳的姿势，好像栖歇的燕子，而飞跃时的疾速又像惊弓的鹄鸟。体态美好而柔婉，迅捷而轻盈，姿态真是美好到了极点，同时也显示了胸怀的纯洁。舞者的外貌能够表达内心——神志正在杳冥之处游行。（原文：䴔䴖燕居，拉搨鹄惊。绰约闲靡，机迅体轻，资绝伦之妙态，怀悫素之洁清，修仪操以显志兮，独驰思乎杳冥。）当她想到高山的时候，便真峨峨然有高山之势；想到流水的时候，便真洋洋然有流水之情。（原文：在山峨峨，在水汤汤。）她的容貌随着内心的变化而改易，所以没有任何一点表情是没有意义的而多余的。（原文：与志迁化，容不虚生。）乐曲中间有歌词，舞者也能将它充分表达出来，没有使得感叹激昂的情致受到减损。那时她的气概真像浮云般的高逸，她的内心像秋霜般的皎洁。像这样美妙的舞蹈，使观众都称赞不止，乐师们也自叹不如。（原文：明诗表指（同旨），嘖（同喟）息激昂。气若浮云，志若秋霜，观者增叹，诸工莫当。）

单人舞毕，接着是数人的鼓舞，她们挨着次序，登上鼓，跳起舞来，她们的容貌服饰和舞蹈技巧，一个赛过一个，意想不到的美妙舞姿也层出不穷，她们望着般鼓则流盼着明媚的眼睛，歌唱时又露出洁白的牙齿，行列和步伐，非常整齐。往来的动作，也都有所象征的内容，忽而回翔，忽而高耸，真仿佛是一群神仙在跳舞。拍着节奏的策板敲个不住，她们的脚趾踏在鼓上，也轻疾而不稍停顿，正在跳得往来悠悠然的时候，倏忽之间，舞蹈突然中止。等到她们回身开始跳的时候，音乐换成了急促的节拍，舞者在鼓上做出翻腾跪跌种种姿态，灵活委宛的腰支，能远远地探出，深深地弯下，轻纱做成的衣裳，像蛾子在那里飞扬。跳起来，有如一群鸟，飞聚在一起，慢起来,又非常舒缓,宛转地流动,像云彩在那里飘荡,她们的体态如游龙,袖子像白色的云霓。当舞蹈渐终,乐曲也将要完的时候,她们慢慢地收敛舞容而拜谢,一个个欠着身子,含着笑容,退回到她们原来的行列中去。观众们都说真好看,没有一个不是兴高采烈的。(原文不全引了。)

在傅毅这篇《舞赋》里见到汉代的歌舞达到这样美妙而高超的境界。领舞女子的"资绝伦之妙态,怀悫素之洁清,修仪操以显志,独驰思乎杳冥"。她的"舒意自广,游心无垠,远思长想,在山峨峨,在水汤汤,与志迁化,容不虚生,明诗表旨,啕息激昂,气若浮云,志若秋霜"。中国古代舞女塑造了这一形象,由傅毅替我们传达下来,它的高超美妙,比起希腊人塑造的女神像来,具有她们的高贵,却比她们更活泼,更华美,更有远神。

欧阳修曾说:"闲和严静,趣远之心难形。"晋人就曾主张艺术意境里要有"远神"。陶渊明说:"心远地自偏"。这类高逸的境界,我们已在东汉的舞女的身上和她的舞姿里见到。庄子的理想人物:藐姑射神人,绰约若处子,肌肤若冰雪,也体现在元朝倪云林的山水竹石里面。这舞女的神思意态也和魏晋人钟王的书法息息相通。王献之《洛神赋》书法的美不也是"翩若惊鸿,婉若游龙","神光离合,乍阴乍阳","皎若太阳升朝霞,灼若芙蕖出渌波"吗?（所引皆《洛神赋》中句）我们在这里不但是见到中国哲学思想、绘画及书法思想[①]和这舞蹈境界密切关联,也可以令人体会到中国古代的美的理想和由这理想所塑造的形象。这是我们的优良传统,就像希腊的神像雕塑永远是欧洲艺术不可企及的范本那样。

关于哲学和音乐的关系,除掉孔子的谈乐,荀子的《乐论》,《礼记》里《乐记》,《吕氏春秋》《淮南子》里论乐诸篇,嵇康的《声无哀乐论》(这文可和德国十九世纪汉斯里克的《论音乐的美》作比较研究),还有庄子主张:"视乎冥冥,听乎无声,冥冥之中,独见晓焉,无声之中,独闻和焉,故深之又深,而能物焉。"(《天地》)这是领悟宇宙里"无声之乐",也就是宇宙里最深微的结构型式。在庄子,这最深微的结构和规律也就是他所说的"道",是动的,变化着的,像音乐那样,"止之于有穷,流之于无止",这道和音乐的境界是"混逐丛生,林乐而无形,布挥而不曳,幽昏而无声,动于无方,居于窈冥……行流散徙,不主常声。……充满天地,苞裹六极。"(《天运》),这道是一个五音繁会的交响乐。"混逐丛生",就是在群声齐奏里随着乐曲的发展,涌现繁富的和声。庄子这段文字使我们在古代"大音希声",淡而无味的,使魏文侯听了

[①] 关于中国书法里的美学思想,我写了一文,请参考。书法里的形式美的范畴主要是从空间形象概况的,音乐美的范畴主要是从时间形象概况的,却可以相通。——原注

昏昏欲睡的古乐而外，还知道有这浪漫精神的音乐。这音乐，代表着南方的洞庭之野的楚文化，和楚铜器漆器花纹声气相通，和商周文化有对立的形势，所以也和古乐不同。

庄子在《天运》篇里所描述的这一出"黄帝张于洞庭之野的咸池之乐"，却是和孔子所爱的北方的大舜的韶乐有所不同。《书经·舜典》上所赞美的乐是"声依永，律和声，八音克谐，无相夺伦，神人以和"的古乐，听了叫人"心气和平""清明在躬"。而咸池之乐，依照庄子所描写和他所赞叹的，却是叫人"惧""怠""惑""愚"，以达于他所说的"道"。这是和《乐记》里所谈的儒家的音乐理想确正相反，而叫我们联想到十九世纪德国乐剧大师华格耐尔晚年精心的创作《巴希法尔》。这出浪漫主义的乐剧是描写阿姆伏塔斯通过"纯愚"巴希法尔才能从苦痛的罪孽的生活里解救出来。浪漫主义是和"惧""怠""惑""愚"有密切的姻缘。所以我觉得《庄子·天运》篇里这段对咸池之乐的描写是极其重要的，它是我们古代浪漫主义思想的代表作，可以和《书经·舜典》里那一段影响深远的音乐思想作比较观，尽管《书经》里这段话不像是尧舜时代的东西，《庄子》里这篇咸池之乐也不能上推到黄帝，两者都是战国时代的思想，但从这两派对立的音乐思想——古典主义的和浪漫主义的——可以见到那时音乐思想的丰富多彩，造诣精微，今天还有钻研的价值。由于它的重要，我现在把《庄子·天运》篇里这段全文引在下面：

北门成问于黄帝曰:"帝张咸池之乐于洞庭之野,吾始闻之惧,复闻之怠,卒闻之而惑,荡荡默默,乃不自得。"帝曰:"汝殆其然哉!吾奏之以人,征之以天,行之以礼义,建之以太清。"……四时迭起,万物循生,一盛一衰,文武伦经。一清一浊,阴阳调和,流光其声,蛰虫始作,吾惊之以雷霆。其卒无尾,其始无首。一死一生,一偾一起,所常无穷,而一不可待。汝故惧也。吾又奏之以阴阳之和,烛之以日月之明,其声能短能长,能柔能刚,变化齐一,不主故常。在谷满谷,在坑满坑。涂却守神(意谓涂塞心知之孔隙,守凝一之精神),以物为量。其声挥绰,其名高明。是故鬼神守其幽,日月星辰行其纪。吾止之于有穷,流之于无止(意谓流与止一顺其自然也)。子欲虑之而不能知也,望之而不能见也,逐之而不能及也。傥然立于四虚之道,倚于槁梧而吟,目之穷乎所欲见,力屈乎所欲逐,吾既不及,已夫。(按:这正是华格耐尔音乐里"无止境旋律"的境界,浪漫精神的体现。)形充空虚,乃至委蛇,汝委蛇,故怠。(你随着它委蛇而委蛇,不自主动,故怠。)吾又奏之以无怠之声,调之以自然之命。故若混逐丛生(按:此言重振主体能动性,以便和自然的客观规律相浑合),林乐而无形,布挥而不曳(此言挥霍不已,似曳而未尝曳),幽昏而无声,动于无方，居于窈冥，或谓之死，或谓之生，或谓之实，或谓之荣，行流散徙，不主常声。世疑之，稽于圣人。圣人者，达于情而遂于命也。天机不张，而五官皆备，此之谓天乐，无言而心悦。故有焱氏为之颂曰："听之不闻其声，视之不见其形，充满天地，苞裹六极。"汝欲听之，而无接焉，尔故惑也（此言主客合一，心无分别，有如暗惑）。乐也者，始于惧，惧故祟（此言乐未大和，听之悚惧，有如祸祟）。吾又次之以怠，怠故遁（此言遁于忘我之境，泯灭内外）。卒之于惑，惑故愚。愚故道（内外双忘，有如愚迷，符合老庄所说的道。大智若愚也）。道可载而与之俱也（人同音乐偕入于道）。

老庄谈道，意境不同。老子主张"致虚极，守静笃，万物并作，吾以观其复"。他在狭小的空间里静观物的"归根""复命"。他在三十辐所共的一个毂的小空间里，在一个抟土所成的陶器的小空间里，在"凿户牖以为室"的小空间的天门的开阖里观察到"道"。道就是在这小空间里的出入往复，归根复命。所以他主张守其黑，知其白，不出户，知天下。他认为"五色令人目盲，五音令人耳聋"，他对音乐不感兴趣。庄子却爱逍遥游。他要游于无穷，寓于无境。他的意境是广漠无边的大空间。在这大空间里作逍遥游是空间和时间的合一。而能够传达这个境界的正是他所描写的，在洞庭

元　王振鹏《伯牙鼓琴图》(局部)

之野所展开的咸池之乐。所以庄子爱好音乐，并且是弥漫着浪漫精神的音乐，这是战国时代楚文化的优秀传统，也是以后中国音乐文化里高度艺术性的源泉。探讨这一条线的脉络，还是我们的音乐史工作者的课题。

以上我们讲述了中国古代寓言和思想里可以见到的音乐形象，现在谈谈音乐创作过程和音乐的感受。《乐府古题要解》里解说琴曲《水仙操》的创作经过说："伯牙学琴于成连，三年而成。至于精神寂寞，情之专一，未能得也。成连曰：'吾之学不能移人之情，吾之师有方子春在东海中。'乃赍粮从之，至蓬莱山，留伯牙曰：'吾将迎吾师！'划船而去，旬日不返。伯牙心悲，延颈四望，但闻海水汩没，山林窅冥，群鸟悲号。仰天叹曰：'先生将移我情！'乃援操而作歌云：'繄洞庭兮流斯护，舟楫逝兮仙不还。移形素兮蓬莱山，歆钦伤宫仙不还。'伯牙遂为天下妙手。"

"移情"就是移易情感，改造精神，在整个人格的改造基础上才能完成艺术的造就，全凭技巧的学习还是不成的。这是一个深刻的见解。

至于艺术的感受，我们试读下面这首诗。唐诗人郎士元《听邻家吹笙》诗云："凤吹声如隔彩霞，不知墙外是谁家，重门深锁无寻处，疑有碧桃千树花。"这是听乐时引起人心里美丽的意象："碧桃千树花"。但是这是一般人对音乐感受的习惯，各人感受不同，主观里涌现出的意象也就可能两样。"知音"的人要深入地把握音乐结构和旋律里所潜伏的意义。主观虚构的意象往往是肤浅的。"志在高山，志在流水"时，作曲家不是模拟流水的声响和高山的形状，而是创造旋律来表达高山流水唤起的情操和深刻的思想。因此，我们在感受音乐艺术中也会使我们的情感移易，受到改造，受到净化、深化和提高的作用。唐诗人常建的《江上琴兴》一诗写出了这净化深化的作用。

> 江上调玉琴，一弦清一心，泠泠七弦遍，万木澄幽阴。能使江月白，又令江水深，始知梧桐枝，可以徽黄金。

琴声使江月加白，江水加深。不是江月的白，江水的深，而是听者意识体验得深和纯净。明人石沆《夜听琵琶》诗云：

> 娉娉少妇未关愁，清夜琵琶上小楼。裂帛一声江月白，碧云飞起四山秋！

音响的高亮，令人神思飞动，如碧云四起，感到壮美。这些都是从听乐里得到的感受。它使我们对于事物的感觉增加了深度，增加了纯净。就像我们在科学研究里通过高度的抽象思维，离开了自然的表面，反而深入到自然的核心，把握到自然现象最内在的数学规律和运动规律那样，音乐领导我们去把握世界生命万千形象里最深的节奏的起伏。庄子说："无音之中，独闻和焉"。所以我们在戏曲里运用音乐的伴奏才更深入地刻画出剧情和动作。希腊的悲剧原来诞生于音乐呀！

音乐使我们心中幻现出自然的形象，因而丰富了音乐感受的内容。画家诗人却由于在自然现象里意识到音乐境界而使自然形象增加了深度。六朝画家宗炳爱游山水，归来后把所见名山画在壁上，坐卧向之。谓人曰："抚琴动操，欲令众山皆响。"唐初诗人沈佺期有《范山人画山水歌》[①]云：

> 山峥嵘，水泓澄，漫漫汗汗一笔耕，一草一木栖

[①] 经查此诗作者为唐代诗人顾况。——编者注

神明。忽如空中有物，物中有声，复如远道望乡客，梦绕山川身不行。

身不行而能梦绕山川，是由于"空中有物，物中有声"，而这又是由于"一草一木栖神明"，才启示了音乐境界。

这些都是中国古代的音乐思想和音乐意象。

笔者附言：1961年12月28日中国音乐家协会约我作了这个报告，现在展写成篇，请读者指教。

中国园林建筑艺术所表现的美学思想

一、飞动之美

前面讲《考工记》的时候,已经讲到古代工匠喜欢把生气勃勃的动物形象用到艺术上去。这比起希腊来,就很不同。希腊建筑上的雕刻,多半用植物叶子构成花纹图案。中国古代雕刻却用龙、虎、鸟、蛇这一类生动的动物形象,至于植物花纹,要到唐代以后才逐渐兴盛起来。

在汉代,不但舞蹈、杂技等艺术十分发达,就是绘画、雕刻,也无一不呈现一种飞舞的状态。图案画常常用云彩、雷纹和翻腾的龙构成,雕刻也常常是雄壮的动物,还要加上两个能飞的翅膀。充分反映了汉民族在当时的前进的活力。

这种飞动之美,也成为中国古代建筑艺术的一个重要特点。《文选》中有一些描写当时建筑的文章,描写当时城市宫殿建筑的华丽,看来似乎只是夸张,只是幻想。其实不然。

东汉 "伏羲女娲·双龙"画像砖

我们现在从地下坟墓中发掘出来实物材料,那些颜色华美的古代建筑的点缀品,说明《文选》中的那些描写,是有现实根据的,离开现实并不是那么远的。

现在我们看《文选》中一篇王文考作的《鲁灵光殿赋》。这篇赋告诉我们,这座宫殿内部的装饰,不但有碧绿的莲蓬和水草等装饰，尤其有许多飞动的动物形象：有飞腾的龙，有愤怒的奔兽，有红颜色的鸟雀，有张着翅膀的凤凰，有转来转去的蛇，有伸着颈子的白鹿，有伏在那里的小兔子，有抓着椽在互相追逐的猿猴，还有一个黑颜色的熊，背着一个东西，蹬在那里，吐着舌头。不但有动物，还有人：一群胡人，带着愁苦的样子，眼神憔悴，面对面跪在屋架的某一个危险的地方。上面则有神仙、玉女，"忽瞟眇以响象，若鬼神之仿佛。"在作了这样的描写之后，作者总结道："图画天地，品类群生，杂物奇怪，山神海灵，写载其状，托之丹青，千变万化，事各胶形，随色象类，曲得其情。"这简直可以说是谢赫六法的先声了。

不但建筑内部的装饰，就是整个建筑形象，也着重表现一种动态，中国建筑特有的"飞檐"，就是起这种作用。根据《诗经》的记载，周宣王的建筑已经像一只野鸡伸翅在飞（《斯干》），可见中国的建筑很早就趋向于飞动之美了。

二、空间的美感（一）

建筑和园林的艺术处理，是处理空间的艺术。老子就曾说："凿户牖以为室，当其无，有室之用。"室之用是由于室中之空间。而"无"在老子又即是"道"，即是生命的节奏。

中国的园林是很发达的。北京故宫三大殿的旁边，就有

颐和园（图片来源：Flickr 网站　摄影：Tilex　图片有修改）

三海，郊外还有圆明园、颐和园等，这是皇帝的园林。民间的老式房子，也总有天井、院子，这也可以算作一种小小的园林。例如，郑板桥这样描写一个院落：

> 十笏茅斋，一方天井，修竹数竿，石笋数尺，其地无多，其费亦无多也。而风中雨中有声，日中月中有影，诗中酒中有情，闲中闷中有伴，非唯我爱竹

颐和园长廊（图片来源：Flickr 网站　摄影：D'N'C　图片有修改）

石，即竹石亦爱我也。彼千金万金造园亭，或游宦四方，终其身不能归享。而吾辈欲游名山大川，又一时不得即往，何如一室小景，有情有味，历久弥新乎？对此画，构此境，何难敛之则退藏于密，亦复放之可弥六合也。

（《板桥题画竹石》）

我们可以看到，这个小天井，给了郑板桥这位画家多少丰富的感受！空间随着心中意境可敛可放，是流动变化的，是虚灵的。

宋代的郭熙论山水画，说"山水有可行者，有可望者，有可游者，有可居者"（《林泉高致》）。可行、可望、可游、可居，这也是园林艺术的基本思想。园林中也有建筑，要能够居人，使人获得休息，但它不只是为了居人，它还必须可游，可行，可望。"望"最重要。一切美术都是"望"，都是欣赏。不但"游"可以发生"望"的作用（颐和园的长廊不但领导我们"游"，而且领导我们"望"），就是"住"，也同样要"望"。窗子并不单为了透空气，也是为了能够望出去，望到一个新的境界，使我们获得美的感受。

窗子在园林建筑艺术中起着很重要的作用。有了窗子，内外就发生交流。窗外的竹子或青山，经过窗子的框框望去，就是一幅画。颐和园乐寿堂差不多四边都是窗子，周围粉墙列着许多小窗，面向湖景，每个窗子都等于一幅小画（李渔所谓"尺幅窗，无心画"）。而且同一个窗子，从不同的角度看出去，景色都不相同。这样，画的境界就无限地增多了。

明代人有一小诗，可以帮助我们了解窗子的美感作用。

一琴几上闲，数竹窗外碧。
帘户寂无人，春风自吹入。

这个小房间和外部是隔离的，但经过窗子又和外边联系起来了。没有人出现，突出了这个小房间的空间美。这首诗好比是一张静物画，可以当作塞尚（Cyzanne）画的几个苹果的静物画来欣赏。

不但走廊、窗子，而且一切楼、台、亭、阁，都是为了"望"，都是为了得到和丰富对于空间的美的感受。

颐和园有个匾额，叫"山色湖光共一楼"。这是说，这个楼把一个大空间的景致都吸收进来了。左思《三都赋》："八极可围于寸眸，万物可齐于一朝。"苏轼诗："赖有高楼能聚远，一时收拾与闲人。"就是这个意思。颐和园还有个亭子叫"画中游"。"画中游"，并不是说这亭子本身就是画，而是说，这亭子外面的大空间好像一幅大画，你进了这亭子，也就进入到这幅大画之中。所以明人计成在《园冶》中说："轩楹高爽，窗户邻虚，纳千顷之汪洋，收四时之烂漫。"

这里表现着美感的民族特点。古希腊人对于庙宇四围的自然风景似乎还没有发现。他们多半把建筑本身孤立起来欣赏。古代中国人就不同。他们总要通过建筑物，通过门窗，接触外面的大自然界（我们讲离卦的美学时曾经谈到过这一点）。"窗含西岭千秋雪，门泊东吴万里船"（杜甫诗句）。诗人从一个小房间通到千秋之雪、万里之船，也就是从一门一窗体会到无限的空间、时间。这样的诗句多得很。像"凿翠开户牖"（杜甫），"山川俯绣户，日月近雕梁"（杜甫），"檐飞宛溪水，窗落敬亭云"（李白），"山翠万重当槛出，水光千里抱城来"（许浑），都是小中见大，从小空间进到大空间，丰富了美的感受。外国的教堂无论多么雄伟，也总是有局限的。但我们看天坛的那个祭天的台，这个台面对着的不是屋顶，而是一片虚空的天穹，也就是以整个宇宙作为自己的庙宇。这是和西方很不相同的。

三、空间的美感（二）

为了丰富对于空间的美感，在园林建筑中就要采用种种手法来布置空间，组织空间，创造空间，例如借景、分景、隔景等等。其中，借景又有远借、邻借、仰借、俯借、镜借等。总之，为了丰富对景。（见计成《园冶》）

玉泉山的塔，好像是颐和园的一部分，这是"借景"。苏州留园的冠云楼可以远借虎丘山景，拙政园在靠墙处堆一假山，上建"两宜亭"，把隔墙的景色尽收眼底，突破围墙的局限，这也是"借景"。颐和园的长廊，把一片风景隔成两个，一边是近于自然的广大湖山，一边是近于人工的楼台亭阁，游人可以两边眺望，丰富了美的印象，这是"分景"。《红楼梦》小说里大观园运用园门、假山、墙垣等等，造成园中的曲折多变，境界层层深入，像音乐中不同的音符一样，使游人产生不同的情调，这也是"分景"。颐和园中的谐趣园，自成院落，

北京大观园内景（作者：何浩浩　图片有修改）

另辟一个空间，另是一种趣味。这种大园林中的小园林，叫做"隔景"。对着窗子挂一面大镜，把窗外大空间的景致照入镜中，成为一幅发光的"油画"。"隔窗云雾生衣上，卷幔山泉入镜中。"（王维诗句）"帆影都从窗隙过，溪光合向镜中看。"（叶令仪诗句）这就是所谓"镜借"了。"镜借"是凭镜借景，使景映镜中，化实为虚（苏州怡园的面壁亭处境逼仄，乃悬一大镜，把对面假山和螺髻亭收入境内，扩大了境界）。园中凿池映景，亦此意。

无论是借景、对景，还是隔景、分景，都是通过布置空间、组织空间、创造空间、扩大空间的种种手法，丰富美的感受，创造了艺术意境。中国园林艺术在这方面有特殊的表现，它是理解中国民族的美感特点的一项重要的领域。概括说来，当如沈复所说的："大中见小，小中见大，虚中有实，实中有虚，或藏或露，或浅或深，不仅在周回曲折四字也。"(《浮生六记》)这也是中国一般艺术的特征。

第四编 美学散步

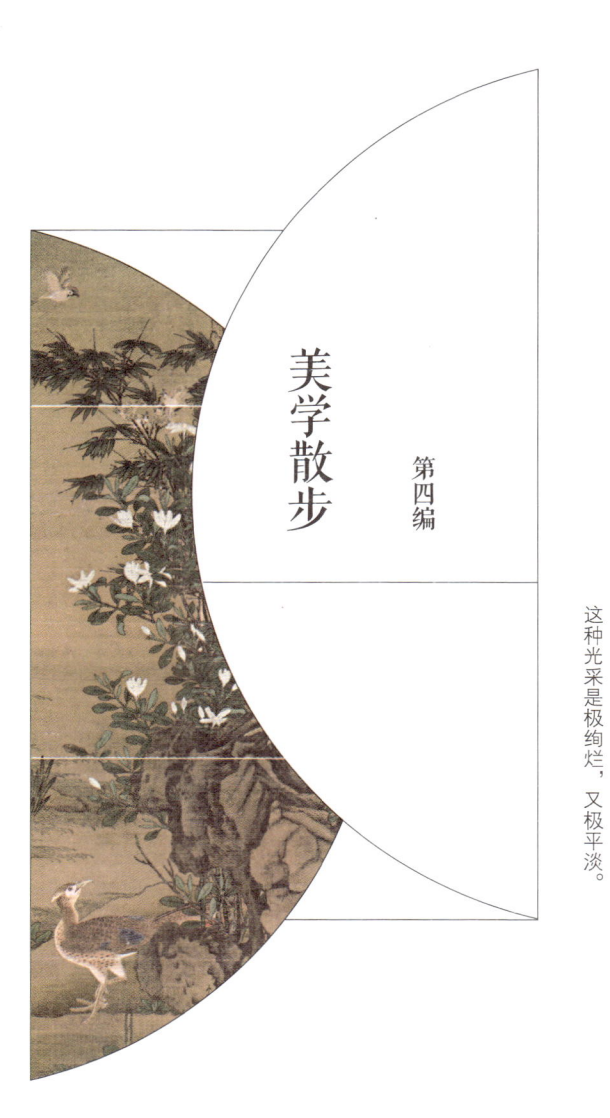

一切艺术的美，以至于人格的美，都趋向玉的美，内部有光采，但是含蓄的光采，这种光采是极绚烂，又极平淡。

美从何处寻

啊,诗从何处寻?
从细雨下,点碎落花声,
从微风里,飘来流水音,
从蓝空天末,摇摇欲坠的孤星!
——《流云小诗》

尽日寻春不见春,
芒鞋踏遍陇头云,
归来笑拈梅花嗅,
春在枝头已十分。
——宋罗大经:《鹤林玉露》中载某尼悟道诗

诗和春都是美的化身,一是艺术的美,一是自然的美。我们都是从目观耳听的世界里寻得她的踪迹。某尼悟道诗大有禅意,好像是说"道不远人",不应该"道在迩而求诸远"。

好像是说:"如果你在自己的心中找不到美,那么,你就没有地方可以发现美的踪迹。"

然而梅花仍是一个外界事物呀,大自然的一部分呀!你的心不是"在"自己的心的过程里,感觉、情绪、思维里找到美,而只是"通过"感觉、情绪、思维找到美,发现梅花里的美。美对于你的心,你的"美感"是客观的对象和存在。你如果要进一步认识她,你可以分析她的结构、形象、组成的各部分,得出"谐和"的规律,"节奏"的规律,表现的内容,丰富的启示,而不必顾到你自己的心的活动,你越能忘掉自我,忘掉你自己的情绪波动、思维起伏,你就越能够"漱涤万物,牢笼百态"(柳宗元语),你就会像一面镜子,像托尔斯泰那样,照见了一个世界,丰富了自己,也丰富了文化。人们会感谢你的。

那么,你在自己的心里就找不到美了吗?我说,我们的心灵起伏万变,情欲的波涛,思想的矛盾,当我们身在其中时,恐怕尝到的是苦闷,而未必是美。只有莎士比亚或巴尔扎克把它形象化了,表现在文艺里,或是你自己手之舞之、足之蹈之,把你的欢乐表现在舞蹈的形象里,或把你的忧郁歌咏在有节奏的诗歌里,甚至于在你的平日的行动里,语言里,一句话说来,就是你的心要具体地表现在形象里,那时旁人会看见你的心灵的美,你自己也才真正的切实地具体地发现你的心里的美。除此以外,恐怕不容易吧!你的心可以发现美的对象(人

北宋　王岩叟《梅花诗意图》(局部)

生的、社会的、自然的),这"美"对于你是客观的存在,不以你的意志为转移。(你的意志只能主使你的眼睛去看她或不去看她,却不能改变她。你能训练你的眼睛深一层地去认识她,却不能动摇她。希腊伟大的艺术不因中古时代的晦暗而减少它的光辉。)

　　宋朝某尼虽然似乎悟道,然而她的觉悟不够深、不够高,她不能发现整个宇宙已经盎然有春意,假使梅花枝上已经春满十分了。她在踏遍陇头云时是苦闷的、失望的。她把自己关在狭窄的心的圈子里了。只在自己的心里去找寻美的踪迹是不够的,是大有问题的。王羲之在《兰亭序》里说:"仰观宇宙之大,俯察品类之盛,所以游目骋怀,……极视听之娱,信可乐也。"这是东晋大书家在寻找美的踪迹。他的书法传达了自然的美和精神的美。不仅是大宇宙,小小的事物也不可忽视。诗人华滋沃斯曾经说过:"一朵微小的花对于我可以唤

起不能用眼泪表出的那样深的思想。"

达到这样的、深入的美感，发现这样深度的美，是要在主观心理方面具有条件和准备的。我们的感情是要经过一番洗涤，克服了小己的私欲和利害计较。矿石商人仅只看到矿石的货币价值，而看不见矿石的美和特性。我们要把整个情绪和思想改造一下，移动了方向，才能面对美的形象，把美如实地和深入地反映到心里来。再把它放射出去，凭借物质创造形象给表达出来，才成为艺术。中国古代曾有人把这个过程唤做"移人之情"或"移我情"。琴曲《伯牙水仙操》的序上说：

伯牙学琴于成连，三年而成，至于精神寂寞，情之专一，未能得也。成连曰："吾之学不能移人之情，吾师有方子春在东海中。"乃赍粮从之，至蓬莱山，留伯牙曰："吾将迎吾师！"划船而去，旬日不返。伯牙心悲，延颈四望，但闻海水汩没，山林窅冥，群鸟悲号。仰天叹曰："先生将移我情！"乃援操而作歌云："繄洞庭兮流斯护，舟楫逝兮仙不还，移形素兮蓬莱山，歔欷伤宫仙不还。"

伯牙由于在孤寂中受到大自然强烈的震撼，生活上的异常遭遇，整个心境受了洗涤和改造，才达到艺术的最深体会，把握到音乐的创造性的旋律，完成他的美的感受和创造。这个"移情说"比起德国美学家栗卜斯的"情感移入论"似乎还更深刻些，因为它说出现实生活中的体验和改造是"移情"的基础呀！并且"移易"和"移入"是不同的。

这里所理解的"移情"应当是我们审美的心理方面的积极因素和条件，而美学家所说的"心理距离""静观"，也构成审美的消极条件。女子郭六芳有一首诗《舟还长沙》说得好：

侬家家住两湖东，
十二珠帘夕照红。
今日忽从江上望，
始知家在画图中。

自己住在实生活里，没有能够把握到它的美的形象。等到自己对自己的日常生活有相当的距离，从远处来看，才发现家在画图，溶在自然的一片美的形象里。

但是在这主观心理条件之外也还需要客观的物的方面的条件。在这里是那夕照的红和十二珠帘的具有节奏与和谐的形象。宋人陈简斋的海棠诗云："隔帘花叶有辉光"，帘子造成了距离，同时它的线文的节奏也更能把帘外的花叶纳进美的形象，增高了它的光辉闪灼，呈显出生命的华美，就像一段欢愉生活嵌在素朴而具有优美旋律的歌词里一样。

这节奏、这旋律、这和谐等等，它们是离不开生命的表现，它们不是死的机械的空洞的形式，而是具有内容、有表现、有丰富意义的具体形象。形象不是形式，而是形式和内容的统一，形式中每一个点、线、色、形、音、韵，都表现着内容的意义、情感、价值。所以诗人艾里略说："一个造出新节奏来的人，就是一个拓展了我们的感性并使它更为高明的人。"又说，"创造一种形式并不是仅仅发明一种格式，一种韵律或节奏，而也是这种韵律或节奏的整个合式的内容的发觉。莎士比亚的十四行诗并不仅是如此这般的一种格式或图形，而是一种恰是如此思想感情的方式"，而具有理想的形式的诗是"如此这般的诗，以致我们看不见所谓诗，而但注意着诗所指示的东西"（《诗的作用和批评的作用》）。这里就是"美"，就是美感所受的具体对象。它是通过美感来摄取的美，而不是美感的主观的心理活动自身。就像物质的内容部构和规律是抽象思维所摄取的，但自身却不是抽象思维而是具体事物。所以专在心内搜寻是达不到美的踪迹的。美的踪迹要到自然、人生、社会的具体形象里去找。

但是心的陶冶，心的修养和锻炼是替美的发现和体验作准备。创造"美"也是如此。捷克诗人里尔克在他的《柏列格的随笔》里一段话精深微妙，梁宗岱曾把它译出，介绍如下：

> ……一个人早年作的诗是这般乏意义，我们应该毕生期待和采集，如果可能，还要悠长的一生；然后，到晚年，或者可以写出十行好诗。因为诗并不像大家所想象，徒是情感（这是我们很早就有了的），而是经验。单要写一句诗，我们得要观察过许多城许多人许多物，得要认识走兽，得要感到鸟儿怎样飞翔和知道小花清晨舒展的姿势。得要能够回忆许多远路和僻境，意外的邂逅，眼光望它接近的分离，神秘还未启明的童年，和容易生气的父母，当他给你一件礼物而你不明白的时候（因为那原是为别一人设的欢喜）和离奇变幻的小孩子的病，和在一间静穆而紧闭的房里度过的日子，海滨的清晨和海的自身，和那与星斗齐飞的高声呼号的夜间的旅行——而单是这些犹未足，还要享受过许多夜不同的狂欢，听过妇人产时的呻吟，和堕地便瞑目的婴儿轻微的哭声，还要曾经坐临

终人的床头和死者的身边，在那打开的，外边的声音一阵阵拥进来的房里。可是单有记忆犹未足，还要能够忘记它们，当它们太拥挤的时候，还要有很大忍耐去期待它们回来。因为回忆本身还不是这个，必要等到它们变成我们的血液、眼色和姿势了，等到它们没有了名字而且不能别于我们自己了，那么，然后可以希望在极难得的顷刻，在它们当中伸出一句诗的头一个字来。

这里是大诗人里尔克在许许多多的事物里、经验里，去踪迹诗，去发现美，多么艰辛的劳动呀！他说诗不徒是感情，而是经验。现在我们也就转过方向，从客观条件来考察美的对象的构成。改造我们的感情，使它能够发现美，中国古人曾经把这唤做"移我情"，改变着客观世界的现象，使它能够成为美的对象，中国古人曾经把这唤做"移世界"。

"移我情""移世界"，是美的形象涌现出来的条件。

我们上面所引长沙女子郭六芳诗中说过"今日忽从江上望，始知家在画图中"，这是心理距离构成审美的条件。但是"十二珠帘夕照红"却构成这幅美的形象的客观的积极的因素。夕照、月明、灯光、帘幕、薄纱、轻雾，人人知道是助成美的出现的有力的因素，现代的照相术和舞台布景知道这个而尽量利用着。中国古人曾经唤做"移世界"。

明朝文人张大复在他的《梅花草堂笔谈》里记述着：

> 邵茂齐有言，天上月色能移世界，果然！故夫山石泉涧，梵刹园亭，屋庐竹树，种种常见之物，月照之则深，蒙之则净，金碧之彩，披之则醇，惨悴之容，承之则奇，浅深浓淡之色，按之望之，则屡易而不可了。以至河山大地，邈若皇古，犬吠松涛，远于岩谷，草生木长，闲如坐卧，人在月下，亦尝忘我之为我也。今夜严叔向，置酒破山僧舍，起步庭中，幽华可爱，旦视之，酱盎粉然，瓦石布地而已，戏书此以信茂齐之话，时十月十六日，万历丙午三十四年也。

月亮真是一个大艺术家，转瞬之间替我们移易了世界，美的形象，涌现在眼前。但是第二天早晨起来看，瓦石布地而已。于是有人得出结论说：美是不存在的。我却要更进一步推论说，瓦石也只是无色无形的原子或电磁波，而这个也只是思想的假设，我们能抓住的只是一堆抽象数学方程式而已。什么究竟是真实的存在？所以我们要回转头来说，我们现实生活里直接经验到，不以我们的意志为转移的，丰富多彩的，有声有色有形有相的世界就是真实存在的世界，这是我们生活和创造的园地。所以马克思很欣赏近代唯物论的第一个创始者

南宋　李嵩《月夜看潮图》

培根的著作里所说的物质以其感觉的诗意的光辉向着整个的人微笑（见《神圣家族》），而不满意霍布士的唯物论里"感觉失去了它的光辉而变为几何学家的抽象感觉，唯物论变成了厌世论"。在这里物的感性的质、光、色、声、热等不是物质所固有的了，光、色、声中的美更成了主观的东西，于是世界成了灰白色的骸骨，机械的死的过程。恩格斯也主张我们的思想要像一面镜子，如实地反映这多彩的世界。美是存在着的！世界是美的，生活是美的。它和真和善是人类社会努力的目标，是哲学探索和建立的对象。

美不但是不以我们的意志为转移的客观存在，反过来，它影响着我们，它教育着我们，提高生活的境界和意趣。它的力量大极了，它也可以倾国倾城。希腊大诗人荷马的著名史诗《伊利亚特》歌咏希腊联军围攻特罗亚九年，为的是夺回美人海伦，而海伦的美叫他们感到九年的辛劳和牺牲不是白费的。现在引述这一段名句：

> 特罗亚长老们也一样的高踞城雉，
> 当他们看见了海伦在城垣上出现，
> 老人们便轻轻低语，彼此交谈机密：
> "怪不得特罗亚人和坚胫甲阿开人
> 为了这个女人这么久忍受苦难呢，
> 她看来活像一个青春常驻的女神。
> 可是，尽管她多美，也让她乘船去吧，
> 别留这里给我们子子孙孙作祸根。"
>
> （缪朗山译《伊利亚特》）

荷马不用浓丽的辞藻来描绘海伦的容貌，而从她的巨大的惨酷的影响和力量轻轻地点出她的倾国倾城的美。这是他的艺术高超处，也是后人所赞叹不已的。

我们寻到美了吗？我说，我们或许接触到美的力量，肯定了她的存在，而她的无限的丰富内含却是不断地待我们去发现；千百年后的诗人艺术家已经发现了不少，保藏在他们的作品里，千百年后的世界仍会有新的表现。"第一个造出新节奏来的人，就是一个拓展了我们的感性并使它更为高明的人！"

论《世说新语》和晋人的美

汉末魏晋六朝是中国政治上最混乱、社会上最苦痛的时代，然而却是精神史上极自由、极解放，最富于智慧、最浓于热情的一个时代。因此，也就是最富有艺术精神的一个时代。王羲之父子的字，顾恺之和陆探微的画，戴逵和戴颙的雕塑，嵇康的广陵散（琴曲），曹植、阮籍、陶潜、谢灵运、鲍照、谢朓的诗，郦道元、杨衒之的写景文，云岗、龙门壮伟的造像，洛阳和南朝的闳丽的寺院，无不是光芒万丈，前无古人，奠定了后代文学艺术的根基与趋向。

这个时代以前——汉代，在艺术上过于质朴，在思想上定于一尊，统治于儒教；这个时代以后——唐代，在艺术上过于成熟，在思想上又入于儒、佛、道三教的支配。只有这几百年间是精神上的大解放，人格上、思想上的大自由。人心里面的美与丑、高贵与残忍、圣洁与恶魔，同样发挥到了极致。这也是中国周秦诸子以后第二度的哲学时代，一些卓超的哲学天才——佛教的大师，也是生在这个时代。

这是中国人生活史里点缀着最多的悲剧，富于命运的罗曼司的一个时期，八王之乱、五胡乱华、南北朝分裂，酿成社会秩序的大解体、旧礼教的总崩溃、思想和信仰的自由、艺术创造精神的勃发，使我们联想到西欧十六世纪的"文艺复兴"。这是强烈、矛盾、热情、浓于生命彩色的一个时代。

但是西洋"文艺复兴"的艺术（建筑、绘画、雕刻）所表现的美，是浓郁的、华贵的、壮硕的；魏晋人则倾向简约玄澹，超然绝俗的哲学的美，晋人的书法是这美的最具体的表现。

这晋人的美，是这全时代的最高峰。《世说新语》一书记述得挺生动，能以简劲的笔墨画出它的精神面貌、若干人物的性格、时代的色彩和空气。文笔的简约玄澹尤能传神。撰述人刘义庆生于晋末，注释者刘孝标也是梁人；当时晋人的流风余韵犹未泯灭，所述的内容，至少在精神的传模方面，离真相不远（唐修《晋书》也多取材于它）。

要研究中国人的美感和艺术精神的特性，《世说新语》一书里有不少重要的资料和启示，是不可忽略的。今就个人读书札记粗略举出数点，以供读者参考，详细而有系统的发挥，则有待于将来。

一、魏晋人生活上、人格上的自然主义和个性主义，解脱了汉代儒教统治下的礼法束缚，在政治上先已表现于曹操那种超道德观念的用人标准。一般知识分子多半超脱礼法观点直接欣赏人格个性之美，尊重个性价值。桓温问殷浩曰："卿何如我？"殷答曰："我与我周旋久，宁作我！"这种自我价值的发现和肯定，在西洋是文艺复兴以来的事。而《世说新语》上第6篇《雅量》、第7篇《识鉴》、第8篇《赏誉》、第9篇《品藻》、第14篇《容止》，都系鉴赏和形容"人格个性之美"的。而美学上的评赏，所谓"品藻"的对象乃在"人物"。中国美学竟是出发于"人物品藻"之美学。美的概念、范畴、形容词，发源于人格美的评赏。"君子比德于玉"，中国人对于人格美的爱赏渊源极早，而品藻人物的空气，已盛行于汉末。到"世说新语时代"则登峰造极了（《世说》载："温太真是过江第二流之高者。时名辈共说人物，第一将尽之间，温常失色。"即此可见当时人物品藻在社会上的势力）。

中国艺术和文学批评的名著，谢赫的《画品》，袁昂、庾肩吾的《画品》、钟嵘的《诗品》、刘勰的《文心雕龙》，都产生在这热闹的品藻人物的空气中。后来唐代司空图的《二十四品》，乃集我国美感范畴之大成。

二、山水美的发现和晋人的艺术心灵。《世说》载东晋画家顾恺之从会稽还，人问山水之美，顾云："千岩竞秀，万壑争流，草木蒙笼其上，若云兴霞蔚。"这几句话不是后来五代北宋荆（浩）、关（仝）、董（源）、巨（然）等山水画境界的绝妙写照么？中国伟大的山水画的意境，已包具于晋人对自然美的发现中了！而《世说》载简文帝入华林园，顾谓左右曰："会心处不必在远，翳然林水，便自有濠濮间想也。觉鸟兽禽鱼自来亲人。"这不又是元人山水花鸟小幅,黄大痴、倪云林、钱舜举、王若水的画境吗？（中国南宗画派的精意在于表现一种潇洒胸襟,这也是晋人的流风余韵。）

晋宋人欣赏山水,由实入虚,即实即虚,超入玄境。当时画家宗炳云："山水质有而趣灵。"诗人陶渊明的"采菊东篱下,悠然见南山","此中有真意,欲辨已忘言"；谢灵运有"溟涨无端倪,虚舟有超越"；以及袁彦伯的"江山辽落,居然有万里之势"。王右军与谢太傅共登冶城,谢悠然远想,有高世之志。荀中郎登北固望海云："虽未睹三山,便自使人有凌云意。"晋宋人欣赏自然,有"目

南唐　巨然《湖山春晓图》

元 王渊《花竹锦鸡图》

送归鸿，手挥五弦"的超然玄远的意趣。这使中国山水画自始即是一种"意境中的山水"。宗炳画所游山水悬于室中，对之云"抚琴动操，欲令众山皆响"！郭景纯有诗句曰"林无静树，川无停流"，阮孚评之云："泓峥萧瑟，实不可言，每读此文，辄觉神超形越。"这玄远幽深的哲学意味深透在当时人的美感和自然欣赏中。

晋人以虚灵的胸襟、玄学的意味体会自然，乃能表里澄澈，一片空明，建立最高的晶莹的美的意境！司空图《诗品》里曾形容艺术心灵为"空潭写春，古镜照神"，此境晋人有之：

王羲之曰："从山阴道上行，如在镜中游！"

心情的朗澄，使山川影映在光明净体中！

王司州（修龄）至吴兴印渚中看，叹曰："非唯使人情开涤，亦觉日月清朗！"

司马太傅（道子）斋中夜坐，于时天月明净，都无纤翳，太傅叹以为佳。谢景重在坐，答曰："意谓乃不如微云点缀。"太傅因戏谢曰："卿居心不净，乃复强欲滓秽太清邪？"

这样高洁爱赏自然的胸襟，才能够在中国山水画的演进

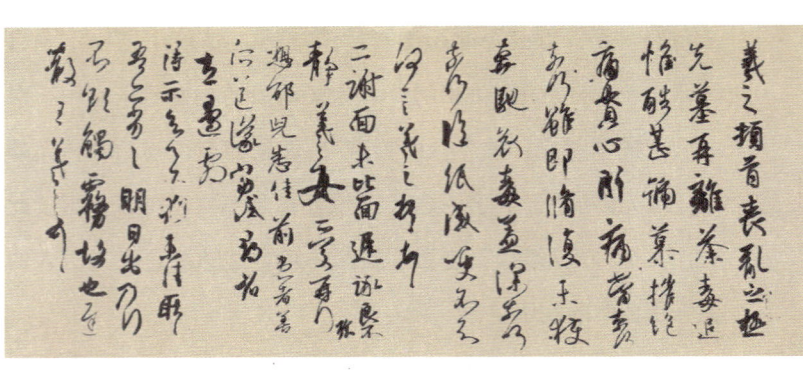

东晋　王羲之《丧乱·二谢·得示帖》

中产生元人倪云林那样"洗尽尘滓，独存孤迥"，"潜移造化而与天游"，"乘云御风，以游于尘壒之表"（皆恽南田评倪画语），创立一个玉洁冰清，宇宙般幽深的山水灵境。晋人的美的理想，很可以注意的，是显著的追慕着光明鲜洁、晶莹发亮的意象。他们赞赏人格美的形容词像"濯濯如春月柳""轩轩如朝霞举""清风朗月""玉山""玉树""磊砢而英多""爽朗清举"，都是一片光亮意象。甚至于殷仲堪死后，殷仲文称他"虽不能休明一世，足以映彻九泉"。形容自然界的如"清露晨流，新桐初引"。形容建筑的如"遥望层城，丹楼如霞"。庄子的理想人格"藐姑射仙人，绰约若处子，肌肤若冰雪"，不是这晋人的美的意象的源泉么？桓温谓谢尚"企脚北窗下，弹琵琶，故自有天际真人想"。天际真人是晋人理想的人格，也是理想的美。

晋人风神潇洒，不滞于物，这优美的自由的心灵找到一种最适宜于表现他自己的艺术，这就是书法中的行草。行草艺术纯系一片神机，无法而有法，全在于下笔时点画自如，一点一拂皆有情趣，从头至尾，一气呵成，如天马行空，游行自在。又如庖丁之中肯綮，神行于虚。这种超妙的艺术，只有晋人萧散超脱的心灵，才能心手相应，登峰造极。魏晋书法的特色，是能尽各字的真态。"钟繇每点多异，羲之万字不同。""晋人结字用理，用理则从心所欲不逾矩。"唐张怀瓘《书议》评王献之书云："子敬之法，非草非行，流便于行草；又处于其中间，无藉因循，宁拘制则，挺然秀出，务于简易。情驰神纵，超逸优游，临事制宜，从意适便。有若风行雨散，润色开花，笔法体势之中，最为风流者也！逸少秉真行之要，子敬执行草之权，父之灵和，子之神俊，皆古今之独绝也。"他这一段话不但传出行草艺术的真精神，且将晋人这自由潇洒的艺术人格形容尽致。中国独有的美术书法——这书法也是中国绘画艺术的灵魂——是从晋人的风韵中产生的。魏晋的玄学使晋人得到空前绝后的精神解放，晋人的书法是这自由的精神人格最具体最适当的艺术表现。这抽象的音乐似的艺术才能表达出晋人的空灵的玄学精神和个性主义的自我价值。欧阳修云："余尝喜览魏晋以来笔墨遗迹，而想前人之高致也！所谓法帖者，其事率皆吊哀候病，叙睽离，通讯问，施于家人朋友之间，不过数行而已。盖其初非用意，而逸笔余兴，淋漓挥洒，或妍或丑，百态横生，披卷发函，烂然在目，使骤见惊绝，徐而视之，其意态如无穷尽，使后世得之，以为奇玩，而想见其为人也！"个性价值之发现，是"世说新语时代"的最大贡献，而晋人的书法是这个性主义的代表艺术。到了隋唐，晋人书艺中的"神理"凝成了"法"，于是"智永精熟过人，惜无奇态矣"。

三、晋人艺术境界造诣的高，不仅是基于他们的意趣超越，深入玄境，尊重个性，生机活泼，更主要的还是他们的"一往情深"！无论对于自然，对探求哲理，对于友谊，都有可述：

> 王子敬云："从山阴道上行，山川自相映发，使人应接不暇。若秋冬之际，尤难为怀！"

好一个"秋冬之际尤难为怀"！

> 卫玠总角时问乐令"梦"。乐云："是想。"卫曰："形神所不接而梦，岂是想邪？"乐云："因也。未尝梦乘车入鼠穴，捣齑啖铁杵，皆无想无因故也。"卫思因经日不得，遂成病。乐闻，故命驾为剖析之。卫即小差。乐叹曰："此儿胸中，当必无膏肓之疾！"

卫玠姿容极美，风度翩翩，而因思索玄理不得，竟至成病，这不是柏拉图所说的富有"爱智的热情"么？

晋人虽超，未能忘情，所谓"情之所钟，正在我辈"（王戎语）！是哀乐过人，不同流俗。尤以对于朋友之爱，里面富有人格美的倾慕。《世说》中《伤逝》一篇记述颇为动人。庾亮死，何扬州临葬云："埋玉树著土中，使人情何能已已！"伤逝中犹具悼惜美之幻灭的意思。

> 顾长康拜桓宣武墓，作诗云："山崩溟海竭，鱼鸟将何依？"人问之曰："卿凭重桓乃尔，哭之状其可见乎？"顾曰："鼻如广莫长风，眼如悬河决溜！"
>
> 顾彦先平生好琴，及丧，家人常以琴置灵床上，张季鹰往哭之，不胜其恸，遂径上床，鼓琴，作数曲竟，抚琴曰："顾彦先颇复赏此否？"因又大恸，遂不执孝子手而出。
>
> 桓子野每闻清歌，辄唤奈何，谢公闻之，曰："子野可谓一往有深情。"
>
> 王长史登茅山，大恸哭曰："琅琊王伯舆，终当为情死！"
>
> 阮籍时率意独驾，不由路径，车迹所穷，辄痛哭而返。

深于情者，不仅对宇宙人生体会到至深的无名的哀感，扩而充之，可以成为耶稣、释迦的悲天悯人；就是快乐的体验也是深入肺腑，惊心动魄；浅俗薄情的人，不仅不能深哀，且不知所谓真乐：

王右军既去官，与东土人士营山水弋钓之乐。
游乐山，泛沧海，叹曰："我卒当以乐死！"

晋人富于这种宇宙的深情，所以在艺术文学上有那样不可企及的成就。顾恺之有三绝：画绝、才绝、痴绝。其痴尤不可及！陶渊明的纯厚天真与侠情，也是后人不能到处。

晋人向外发现了自然，向内发现了自己的深情。山水虚灵化了，也情致化了。陶渊明、谢灵运这般人的山水诗那样的好，是由于他们对于自然有那一股新鲜发现时身入化境浓酣忘我的趣味；他们随手写来，都成妙谛，境与神会，真气扑人。谢灵运的"池塘生春草"也只是新鲜自然而已。然而扩而大之，体而深之，就能构成一种泛神论宇宙观，作为艺术文学的基础。孙绰《天台山赋》云："恣语乐以终日，等寂默于不言，浑万象以冥观，兀同体于自然。"又云："游览既周，体静心闲，害马已去，世事都捐，投刃皆虚，目牛无全，凝想幽岩，朗咏长川。"在这种深厚的自然体验下，产生了王羲之的《兰亭序》，鲍照《登大雷岸寄妹书》，陶宏景、吴均的《叙景短札》，郦道元的《水经注》：这些都是最优美的写景文学。

四、我说魏晋时代人的精神是最哲学的，因为是最解放的、最自由的。支道林好鹤，往剡东岇山，有人遗其双鹤。少时翅长欲飞。支意惜之，乃铩其翮。鹤轩翥不复能飞，乃反顾翅垂头，视之如有懊丧之意。林曰："既有凌霄之姿，何肯为人作耳目近玩！"养令翮成，置使飞去。晋人酷爱自己精神的自由，才能推己及物，有这意义伟大的动作。这种精神上的真自由、真解放，才能把我们的胸襟像一朵花似地展开，接受宇宙和人生的全景，了解它的意义，体会它的深沉的境地。近代哲学上所谓"生命情调""宇宙意识"，遂在晋人这超脱的胸襟里萌芽起来（使这时代容易接受和了解佛教大乘思想）。卫玠初欲过江，形神惨悴，语左右曰："见此茫茫，不觉百端交集，苟未免有情，亦复谁能遣此？"后来初唐陈子昂《登幽州台歌》："前不见古人，后不见来者。念天地之悠悠，独怆然而涕下！"不是从这里脱化出来？而卫玠的一往情深，更令人心恸神伤，寄慨无穷。（然而孔子在川上，曰："逝者如斯夫，不舍昼夜！"则觉更哲学，更超然，气象更大。）

谢太傅与王右军曰："中年伤于哀乐，与亲友别，辄作数日恶。"

人到中年才能深切地体会到人生的意义、责任和问题，反省到人生的究竟，所以哀乐之感得以深沉。但丁的《神曲》起始于中年的徘徊歧路，是具有深意的。

> 桓温北征，经金城，见前为琅琊时种柳皆已十围，慨然曰："木犹如此，人何以堪？"攀条执枝，泫然流泪。

桓温武人，情致如此！庾子山著《枯树赋》，末尾引桓大司马曰："昔年种柳，依依汉南；今逢摇落，凄怆江潭，树犹如此，人何以堪？"他深感到桓温这话的凄美，把它敷演成一首四言的抒情小诗了。

然而王羲之的《兰亭》诗："仰视碧天际，俯瞰渌水滨。寥阒无涯观，寓目理自陈。大哉造化工，万殊莫不均。群籁虽参差，适我无非新。"真能代表晋人这纯净的胸襟和深厚的感觉所启示的宇宙观。"群籁虽参差，适我无非新"两句尤能写出晋人以新鲜活泼自由自在的心灵领悟这世界，使触着的一切呈露新的灵魂、新的生命。于是"寓目理自陈"，这个理不是机械的陈腐的理，乃是活泼的宇宙生机中所含至深的理。王羲之另有两句诗云："争先非吾事，静照在忘求。""静照"（comtemplation）是一切艺术及审美生活的起点。这里，哲学彻悟的生活和审美生活，源头上是一致的。晋人的文学艺术都浸润着这新鲜活泼的"静照在忘求"和"适我无非新"的哲学精神。大诗

明　文徵明《兰亭修禊图》

人陶渊明的"日暮天无云，春风扇微和""即事多所欣""良辰入奇怀"，写出这丰厚的心灵"触着每秒光阴都成了黄金"。

五、晋人的"人格的唯美主义"和友谊的重视，培养成为一种高级社交文化如"竹林之游，兰亭禊集"等。玄理的辩论和人物的品藻是这社交的主要内容。因此谈吐措词的隽妙，空前绝后。晋人书札和小品文中隽句天成，俯拾即是。陶渊明的诗句和文句的隽妙，也是这"世说新语时代"的产物。陶渊明散文化的诗句又遥遥地影响着宋代散文化的诗派。苏、黄、米、蔡等人们的书法也力追晋人萧散的风致，但总嫌做作夸张，没有晋人的自然。

六、晋人之美，美在神韵（人称王羲之的字韵高千古）。神韵可说是"事外有远致"，不沾滞于物的自由精神（目送归鸿，手挥五弦）。这是一种心灵的美，或哲学的美，这种事外有远致的力量，扩而大之可以使人超然于死生祸福之外，发挥出一种镇定的大无畏的精神来：

> 谢太傅盘桓东山，时与孙兴公诸人泛海戏。风起浪涌，孙（绰）王（羲之）诸人色并遽，便唱使还。太傅神情方王，吟啸不言。舟人以公貌闲意说，犹去不止。既风转急浪猛，诸人皆喧动不坐。公徐曰："如此，将无归。"众人皆承响而回。于是审其量足以镇安朝野。

美之极，即雄强之极。王羲之书法人称其字势雄逸，如龙跳天门，虎卧凤阙。淝水的大捷植根于谢安这美的人格和风度中。谢灵运泛海诗"溟涨无端倪，虚舟有超越"，可以借来体会谢公此时的境界和胸襟。

枕戈待旦的刘琨，横江击楫的祖逖，雄武的桓温，勇于自新的周处、戴渊，都是千载下懔懔有生气的人物。桓温过王敦墓，叹曰："可儿！可儿！"心焉向往那豪迈雄强的个性，不拘泥于世俗观念，而赞赏"力"，力就是美。

庾道季说："廉颇，蔺相如虽千载上死人，懔懔如有生气。曹蜍、李志虽见在，厌厌如九泉下人。人皆如此，便可结绳而治。但恐狐狸猵狢啖尽！"这话何其豪迈、沉痛。晋人崇

元 佚名《东山丝竹图》

尚活泼生气，蔑视世俗社会中的伪君子、乡愿。战国以后二千年来中国的"社会栋梁"。

七、晋人的美学是"人物的品藻"，引例如下：

王武子、孙子荆各言其土地之美。王云："其地坦而平，其水淡而清，其人廉且贞。"孙云："其山崔巍以嵯峨，其水㶇而扬波，其人磊砢而英多。"

桓大司马（温）病，谢公往省病，从东门入，桓公遥望叹曰："吾门中久不见如此人！"

嵇康身长七尺八寸，风姿特秀，见者叹曰："萧萧肃肃，爽朗清举。"或云："萧萧如松下风，高而徐引。"山公云："嵇叔夜之为人也，岩岩如孤松之独立，其醉也，傀俄若玉山之将崩！"

海西时，诸公每朝，朝堂犹暗，唯会稽王来，轩轩如朝霞举。

谢太傅问诸子侄："子弟亦何预人事，而正欲其佳？"诸人莫有言者。车骑（谢玄）答曰："譬如芝兰玉树，欲使其生于阶庭耳。"

人有叹王恭形茂者，曰："濯濯如春月柳。"

刘尹云："清风朗月，辄思玄度。"

拿自然界的美来形容人物品格的美，例子举不胜举。这两方面的美——自然美和人格美——同时被魏晋人发现。人格美的推重已滥觞于汉末,上溯至孔子及儒家的重视人格及其气象。"世说新语时代"尤沉醉于人物的容貌、器识、肉体与精神的美。所以"看杀卫玠",而王羲之——他自己被时人目为"飘如游云,矫如惊龙"——见杜弘治叹曰:"面如凝脂,眼如点漆,此神仙中人也!"

而女子谢道韫亦神情散朗,奕奕有林下风。根本《世说》里面的女性多能矫矫脱俗,无脂粉气。

总前言之,这是中国历史上最有生气,活泼爱美,美的成就极高的一个时代。美的力量是不可抵抗的,见下一段故事:

> 桓宣武平蜀,以李势妹为妾,甚有宠,尝著斋后。主(温尚明帝女南康长公主)始不知,既闻,与数十婢拔白刃袭之。正值李梳头,发委藉地,肤色玉曜,不为动容,徐徐结发,敛手向主,神色闲正,辞甚凄惋,曰:"国破家亡,无心至此,今日若能见杀,乃是本怀!"主于是掷刀前抱之:"阿子,我见汝亦怜,何况老奴!"遂善之。

话虽如此,晋人的美感和艺术观,就大体而言,是以老庄哲学的宇宙观为基础,富于简淡、玄远的意味,因而奠定了一千五百年来中国美感——尤以表现于山水画、山水诗的基本趋向。

中国山水画的独立，起源于晋末。晋宋山水画的创作，自始即具有"澄怀观道"的意趣。画家宗炳好山水，凡所游历，皆图之于壁，坐卧向之，曰："老病俱至，名山恐难遍游，惟当澄怀观道，卧以游之。"他又说："圣人含道应物，贤者澄怀味像；人以神法道而贤者通，山水以形媚道而仁者乐。"他这所谓"道"，就是这宇宙里最幽深最玄远却又弥纶万物的生命本体。东晋大画家顾恺之也说绘画的手段和目的是"迁想妙得"。这"妙得"的对象也即是那深远的生命，那"道"。

中国绘画艺术的重心——山水画，开端就富于这玄学意味（晋人的书法也是这玄学精神的艺术），它影响着一千五百年，使中国绘画在世界上成一独立的体系。

他们的艺术的理想和美的条件是一味绝俗。庾道季见戴安道所画行像，谓之曰："神明太俗，由卿世情未尽！"以戴安道之高，还说是世情未尽，无怪他气得回答说："唯务光当免卿此语耳！"

然而也足见当时美的标准树立得很严格，这标准也就一直是后来中国文艺批评的标准："雅""绝俗"。

这唯美的人生态度还表现于两点，一是把玩"现在"，在刹那的现量的生活里求极量的丰富和充实，不为着将来或过去而放弃现在的价值的体味和创造：

> 王子猷尝暂寄人空宅住,便令种竹。或问:"暂住何烦尔?"王啸咏良久,直指竹曰:"何可一日无此君!?"

二则美的价值是寄于过程的本身,不在于外在的目的,所谓"无所为而为"的态度。

> 王子猷居山阴,夜大雪,眠觉开室命酌酒,四望皎然。因起彷徨,咏左思《招隐》诗。忽忆戴安道;时戴在剡,即便乘小船就之。经宿方至,造门不前而返。人问其故,王曰:"吾本乘兴而来,兴尽而返,何必见戴?"

这截然地寄兴趣于生活过程的本身价值而不拘泥于目的,显示了晋人唯美生活的典型。

八、晋人的道德观与礼法观。孔子是中国二千年礼法社会和道德体系的建设者。创造一个道德体系的人,也就是真正能了解这道德的意义的人。孔子知道道德的精神在于诚,在于真性情,真血性,所谓赤子之心。扩而充之,就是所谓"仁"。一切的礼法,只是它托寄的外表。舍本执末,丧失了道德和礼法的真精神真意义,甚至于假借名义以便其私,那就是"乡愿",那就是"小人之儒"。这是孔子所深恶痛绝的。

孔子曰："乡愿，德之贼也。"又曰："女为君子儒，无为小人儒！"他更时常警告人们不要忘掉礼法的真精神真意义。他说："人而不仁如礼何？人而不仁如乐何？"子于是日哭，则不歌。食于丧者之侧，未尝饱也。这伟大的真挚的同情心是他的道德的基础。他痛恶虚伪。他骂"巧言令色鲜矣仁！"他骂"礼云、礼云，玉帛云乎哉！"然而孔子死后，汉代以来，孔子所深恶痛绝的"乡愿"支配着中国社会，成为"社会栋梁"，把孔子至大至刚、极高明的中庸之道化成弥漫社会的庸俗主义、妥协主义、折衷主义、苟安主义，孔子好像预感到这一点，他所以极力赞美狂狷而排斥乡愿。他自己也能超然于礼法之表追寻活泼的真实的丰富的人生。他的生活不但"依于仁"，还要"游于艺"。他对于音乐有最深的了解并有过最美妙、最简洁而真切的形容。他说：

乐，其可知也！始作，翕如也。从之，纯如也。皦如也。绎如也。以成。

他欣赏自然的美，他说："仁者乐山，智者乐水。"

他有一天问他几个弟子的志趣。子路、冉有、公西华都说过了，轮到曾点，他问道：

"点，尔何如？"鼓瑟希，铿尔，舍瑟而作，对曰:"异乎三子者之撰!"子曰:"何伤乎?亦各言其志也。"曰:"莫春者,春服既成,冠者五六人,童子六七人,浴乎沂,风乎舞雩,咏而归!"

夫子喟然叹曰:"吾与点也!"

孔子这超然的、蔼然的、爱美爱自然的生活态度,我们在晋人王羲之的《兰亭序》和陶渊明的田园诗里见到遥遥嗣响的人,汉代的俗儒钻进利禄之途,乡愿满天下。魏晋人以狂狷来反抗这乡愿的社会,反抗这桎梏性灵的礼教和士大夫阶层的庸俗,向自己的真性情、真血性里掘发人生的真意义、真道德。他们不惜拿自己的生命、地位、名誉来冒犯统治阶级的奸雄假借礼教以维持权位的恶势力。曹操拿"败伦乱俗,讪谤惑众,大逆不道"的罪名杀孔融。司马昭拿"无益于今,有败于俗,乱群惑众"的罪名杀嵇康。阮籍佯狂了,刘伶纵酒了,他们内心的痛苦可想而知。这是真性情、真血性和这虚伪的礼法社会不肯妥协的悲壮剧。这是一班在文化衰堕时期替人类冒险争取真实人生真实道德的殉道者。他们殉道时何等的勇敢,从容而美丽:

嵇康临刑东市,神气不变,索琴弹之,奏广陵散,曲终曰:"袁孝尼尝请学此散,吾靳固不与,广陵散于今绝矣!"

清　俞龄《竹林七贤图》

以维护伦理自命的曹操枉杀孔融,屠杀到孔融七岁的小女、九岁的小儿,谁是真的"大逆不道"者?

道德的真精神在于"仁",在于"恕",在于人格的优美。《世说》载:

> 阮光禄(裕)在剡,曾有好车,借者无不皆给。有人葬母,意欲借而不敢言。阮后闻之,叹曰:"吾有车而使人不敢借,何以车为?"遂焚之。

这是何等严肃的责己精神!然而不是由于畏人言、畏于礼法的责备,而是由于对自己人格美的重视和伟大同情心的流露。

> 谢奕作剡令,有一老翁犯法,谢以醇酒罚之,乃至过醉,而犹未已。太傅(谢安)时年七八岁,著青布绔,在兄膝边坐,谏曰:"阿兄,老翁可念,何可作此!"奕于是改容,曰:"阿奴欲放去耶?"遂遣之。

谢安是东晋风流的主脑人物,然而这天真仁爱的赤子之心实是他伟大人格的根基。这使他忠诚谨慎地支持东晋的危局至于数十年。淝水之役,苻坚发戎卒60余万、骑27万,大举入寇,东晋危在旦夕。谢安指挥若定,遣谢玄等以8万兵一举破之。苻坚风声鹤唳,草木皆兵,仅以身免。这是军事史上空前的战绩,诸葛亮在蜀没有过这样的胜利!

一代枭雄,不怕遗臭万年的桓温,也不缺乏这英雄的博大的同情心:

> 桓公入蜀,至三峡中,部伍中有得猨子者,其母缘岸哀号,行百余里不去,遂跳上船,至便即绝。破视其腹中,肠皆寸寸断。公闻之,怒,命黜其人。

晋人既从性情的直率和胸襟的宽仁建立他的新生命,摆脱礼法的空虚和顽固,他们的道德教育遂以人格的感化为主。我们看谢安这段动人的故事:

> 谢虎子尝上屋薰鼠。胡儿(虎子之子)既无由知父为此事,闻人道痴人有作此者,戏笑之。时道此非复一过。太傅既了己(指胡儿自己)之不知,因其言次语胡儿曰:"世人以此谤中郎(虎子),亦言我共作此。"胡儿懊热,一月,日闭斋不出。太傅虚托引己之过,必相开悟,可谓德教。

我们现代有这样精神伟大的教育家吗?所以:

> 谢公夫人教儿，问太傅："那得初不见公教儿？"
> 答曰："我常自教儿！"

这正是像谢公称赞褚季野的话："褚季野虽不言，而四时之气亦备！"

他确实在教，并不姑息，但他着重在体贴入微的潜移默化，不欲伤害小儿的羞耻心和自尊心：

> 谢玄少时好著紫罗香囊垂覆手。太傅患之，而不欲伤其意；乃谲与赌，得即烧之。

这态度多么慈祥，而用意又何其严格！谢玄为东晋立大功，救国家于垂危，足见这教育精神和方法的成绩。

当时文俗之士所最仇疾的阮籍，行动最为任诞，蔑视礼法也最为彻底。然而正在他身上我们看出这新道德运动的意义和目标。这目标就是要把道德的灵魂重新筑在热情和直率之上，摆脱陈腐礼法的外形。因为这礼法已经丧失了它的真精神，变成阻碍生机的桎梏，被奸雄利用作政权工具，借以锄杀异己（曹操杀孔融）。

> 阮籍当葬母，蒸一肥豚，饮酒二斗，然后临诀。
> 直言"穷矣！"举声一号，吐血数升，废顿良久。

他拿鲜血来灌溉道德的新生命！他是一个壮伟的丈夫。容貌环杰，志气宏放，傲然独得，任性不羁，当其得意，忽忘形骸，"时人多谓之痴"。这样的人，无怪他的诗"旨趣遥深，反覆零乱，兴寄无端，和愉哀怨，杂集于中"。他的咏怀诗是《古诗十九首》以后第一流的杰作。他的人格坦荡谆至，虽见嫉于士大夫，却能见谅于酒保：

阮公邻家妇有美色，当垆沽酒。阮与王安丰常从妇饮酒。阮醉便眠其妇侧。夫始殊疑之，伺察终无他意。

这样解放的自由的人格是洋溢着生命，神情超迈，举止历落，态度恢廓，胸襟潇洒：

王司州（修龄）在谢公坐，咏"入不言兮出不辞，乘回风兮载云旗！"（九歌句）语人云："'当尔时'觉一坐无人！"

桓温读《高士传》，至于陵仲子，便掷去曰："谁能作此溪刻自处。"这不是善恶之彼岸的超然的美和超然的道德吗？

"振衣千仞冈，濯足万里流！"晋人用这两句诗写下他的千古风流和不朽的豪情！

中国文化的美丽精神往那里去？

印度诗哲太戈尔，在国际大学中国学院的小册里，曾说过这几句话："世界上还有什么事情，比中国文化的美丽精神更值得宝贵的？中国文化使人民喜爱现实世界，爱护备至，却又不致陷于现实得不近情理！他们已本能地找到了事物的旋律的秘密。不是科学权力的秘密，而是表现方法的秘密。这是极其伟大的一种天赋。因为只有上帝知道这种秘密。我实妒忌他们有此天赋，并愿我们的同胞亦能共享此秘密。"

太戈尔这几句话里，包含着极精深的观察与意见，值得我们细加考察。

先谈"中国人本能地找到了事物的旋律的秘密"。东西古代哲人，都曾仰观俯察探求宇宙的秘密。但希腊及西洋近代哲人倾向于拿逻辑的推理、数学的演绎、物理学的考察去把握宇宙间质力推移的规律，一方面满足我们理知了解的需要，一方面导引西洋人，去控制物力，发明机械，利用厚生。西洋思想最后所获着的是科学权力的秘密。

汉代画像砖

中国古代哲人却是拿"默而识之"的观照态度，去体验宇宙间生生不已的节奏，太戈尔所谓旋律的秘密。《论语》上载：

> 子曰："予欲无言！"子贡曰："子如不言，则小子何述焉？"子曰："天何言哉？四时行焉，百物生焉，天何言哉？"

四时的运行，生育万物，对我们展示着天地创造性的旋律的秘密。一切在此中生长流动，具有节奏与和谐。古人拿音乐里的五声配合四时五行，拿十二律分配于十二月（《汉书·律历志》），使我们一岁中的生活融化在音乐的节奏中，从容不迫而感到内部有意义有价值，充实而美。不像现在大都市的居民灵魂里，孤独空虚。英国诗人艾略特有"荒原"的慨叹。

不但孔子，老子也从他高超严冷的眼里观照着世界的旋律。他说："致虚极，守静笃，万物并作，吾以观复！"

活泼的庄子也说他"静而与阴同德，动而与阳同波"，他把他的精神生命体合于自然的旋律。

孟子说他能"上下与天地同流"。荀子歌颂着天地的节奏：

列星随旋，日月递照，四时代御，阴阳大化，风雨博施，万物各得其和以生，各得其养以成。

我们不必多引了，我们已见到了中国古代哲人是"本能地找到了宇宙旋律的秘密"。而把这获得的至宝，渗透进我们的现实生活，使我们生活表现礼与乐里，创造社会的秩序与和谐。我们又把这旋律装饰到我们日用器皿上，使形下之器启示着形上之道（即生命的旋律）。中国古代艺术特色表现在他所创造的各种图案花纹里，而中国最光荣的绘画艺术，也还是从商周铜器图案、汉代砖瓦花纹里脱胎出来的呢！

"中国人喜爱现实世界，爱护备至，却又不致现实得不近情理。"我们在新石器时代，从我们的日用器皿制出玉器，作为我们政治上、社会上及精神人格上美丽的象征物。我们在铜器时代也把我们的日用器皿，如烹饪的鼎、饮酒的爵等等，制造精美，竭尽当时的艺术技能，它们成了天地境界的象征。我们对最现实的器具，赋予崇高的意义，优美的形式，使它们不仅仅是我们役使的工具，而是可以同我们对语、同我们情思往还的艺术境界。后来我们发展了瓷器（西人称我们是瓷国）。瓷器是玉的精神的承续与光大，使我们在日常现实生活中能充满着玉的美。

但我们也曾得到过科学权力的秘密。我们有两大发明：火药同指南针。这两项发明到了西洋人手里，成就了他们控制世界的权力，陆上霸权与海上霸权，中国自己倒成了这霸权的牺牲品。我们发明着火药，用来创造奇巧美丽的烟火和鞭炮，使我一般民众在一年劳苦休息的时候，新年及春节里，享受平民式的欢乐。我们发明指南针，并不曾向海上取霸权，却让风水先生勘定我们庙堂、居宅及坟墓的地位和方向，使我们生活中顶重要的"住"，能够选择优美适当的自然环境，"居之安而资之深"。我们到郊外，看那山环水抱的亭台楼阁，如入图画。中国建筑能与自然背景取得最完美的调协，而且用高耸天际的层楼飞檐及环拱柱廊、栏杆台阶的虚实节奏，昭示出这一片山水里潜流的旋律。

漆器也是我们极早的发明，使我们的日用器皿生光辉，有情韵。最近，沈福文君引用古代各时期图案花纹到他设计的漆器里，使我们再能有美丽的器皿点缀我们的生活，这是值得兴奋的事。但是要能有大量的价廉的生产，使一般人民都能

宋代　汝窑产　天青釉圆洗

清代　剔彩耕作圆瓣式盒

在日常生活中时时接触趣味高超、形制优美的物质环境，这才是一个民族的文化水平的尺度。

中国民族很早发现了宇宙旋律及生命节奏的秘密，以和平的音乐的心境爱护现实，美化现实，因而轻视了科学工艺征服自然的权力。这使我们不能解救贫弱的地位，在生存竞争剧烈的时代，受人侵略，受人欺侮，文化的美丽精神也不能长保了，灵魂里粗野了，卑鄙了，怯懦了，我们也现实得不近情理了。我们丧尽了生活里旋律的美（盲动而无秩序）、音乐的境界（人与人之间充满了猜忌、斗争）。一个最尊重乐教、最了解音乐价值的民族没有了音乐。这就是说没有了国魂，没有了构成生命意义、文化意义的高等价值。中国精神应该往哪里去？

近代西洋人把握科学权力的秘密（最近如原子能的秘密），征服了自然，征服了科学落后的民族，但不肯体会人类全体共同生活的旋律美，不肯"参天地，赞化育"，提携全世界的生命，演奏壮丽的交响乐，感谢造化宣示给我们的创化机密，而以厮杀之声暴露人性的丑恶，西洋精神又要往哪里去？哪里去？这都是引起我们惆怅、深思的问题。

中国艺术三境界

"中国艺术三境界"这个题目很大,讲起来可说是大而无当。但是,大亦有好处,就是可以空空洞洞地讲一点。现在,从中国过去的艺术家所遗留下来的诗文中,找出一鳞一爪来和各位谈谈。

说起"境界",的确是个很复杂的东西。不但中西艺术里表现的"境界"不同,单就国画来说,也有很多差异。不过,可以综合说来有下述三种境界。

一、写实(或写生)的境界。

二、传神的境界。

三、妙悟的境界。

用这三个标题,似乎有一个毛病,就是前二者有具体的对象,而后者却似乎空泛无着。但是,细想起来,它还是有对象的,那就是所谓玄境。兹分论如下:

一、写实的境界

站在油画或西洋写生画的立场来看,似乎中国画不能算是写实画。其实,中国的画家是很讲究写实的。我们从下述几个例子可以看出:

客有为齐王画者。齐王问曰:"画孰最难者?"曰:"犬马最难。""孰易者?"曰:"鬼魅最易。"夫犬马人所知也,旦暮罄于前,不可类之,故难。鬼魅无形者,不罄于前。故易之也。

(戴)颙……,宋太子铸丈六金像于瓦棺寺,像成而恨面瘦,工人不能理,乃迎颙问之。曰:"非面瘦,乃臂胛肥!"既铅,减臂胛,像乃相称,时人服其精思。

徽宗建龙德宫成,命待诏图画宫中屏壁,皆极一时之选。上来幸,一无所称,独顾壶中殿前柱廊栱眼《斜枝月季花》,问画者为谁?实少年新进。上喜,赐绯,褒锡甚宠,皆莫测其故。近侍尝请于上,上曰:"月季鲜有能画者,盖四时朝暮,花蕊叶皆不同。此作春时日中者,无毫发差,故厚赏之。"

宣和殿前植荔枝,既结实,喜动天颜。偶孔雀在其下,亟召画院众史,令图之。各极其思,华彩灿然。但孔雀欲升藤墩，先举右脚。上曰："未也。"众史愕然莫测。后数日再呼问之，不知所对，则降旨曰："孔雀升高，必先举左。"众史骇服。

希腊大画家曹格西斯（zeuxis）画架上葡萄，有飞雀见而啄之。画家巴哈西斯（Panhazus）走来画一帷幕掩其上，曹格西斯回家误以为是真帷幕，欲引而张之。他能骗飞雀，却又被人骗了。

这两个故事，如同出一辙，可见东方与西方画家，有同样的写实精神。

中国画家不但重视表面写实，更透入内层。从下述例证，便可看出。

> 黄筌，十七岁事蜀后主王衍为待诏，至孟昶加俭校少府监，累迁如京副使。后主衍尝诏筌于内殿观吴道玄画钟馗，乃谓筌曰："吴道玄之画钟馗者，以右手第二指抉鬼之目，不若以拇指为有力也。"令筌改进，筌于是不用道玄之本，别改画以拇指抉鬼之目者进焉。后主怪其不如旨，筌对曰："道玄之所画者，眼色意思俱在第二指；今臣所画眼色意思，俱在拇指。"后主悟，乃喜。

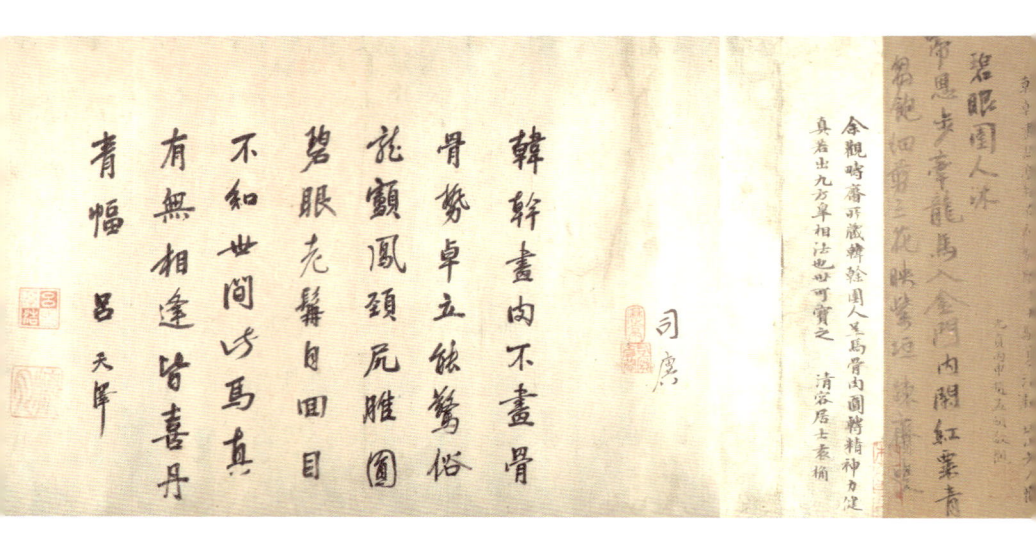

唐　韩幹　《圉人呈马图》长卷明摹本（局部）

这种写实，可说已到传神的境界了。

中国画家不仅可以画得很像，或至入神。并且，相信画家是个小上帝，简直可以创造出真实的东西来：

> 李思训开元中除卫将军，与其子李昭道中舍俱得山水之妙，时人号大李、小李。思训格品高奇，山水绝妙；鸟兽、草木，皆穷其态。昭道虽图山水、鸟兽，甚多繁巧，智惠笔力不及思训。天宝中明皇召思训画大同殿壁，兼掩障。异日因对，语思训云："卿所画掩障，夜闻水声。"通神之佳手也，国朝山水第一。故思训神品，昭道妙上品也。

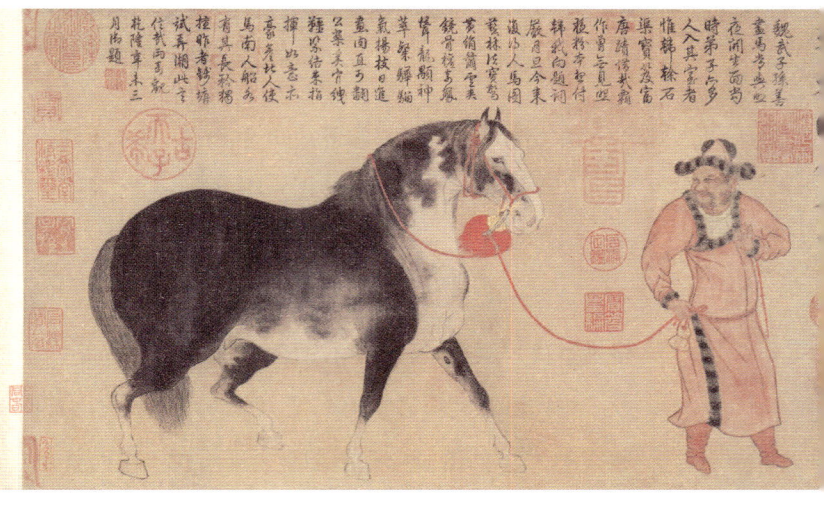

韩幹京兆人也，明皇天宝中召入供奉。上令师陈闳画马。帝怪其不同，因诘之。奏云："臣自有师。陛下内厩之马，皆臣之师也。"上甚异之。其后果能状飞黄之质，图喷玉之奇；九方之职既精，伯乐之相乃备。且古之画马，有穆王《八骏图》，后立本亦模写之，多见筋骨，皆擅一时，足为希代之珍。开元后四海清平，外国名马，重译累至。然而沙碛之遥，蹄甲皆薄；明皇遂择其良者，与中国之骏同颁，尽写之。自后内厩有飞黄、照夜、浮云、五花之乘，奇毛异状，筋骨既圆，蹄甲皆厚。驾驭历险，若舆辇之安也；驰骤旋转，皆应韶濩之节。是以陈闳貌之于前，韩幹继之于后，写渥洼之状，若在水中，移骕骦之形，出于图上，故韩幹居神品宜矣。……

这两个故事，虽然是神话，但我们可以相信，他们的画是惟妙惟肖，使人相信画家有创造生命的艺术。

中国画家又很讲实用。梁兴国寺殿中多雀，粪积佛顶，僧驱之不去。乃请画家张僧繇画一鹰一鹞于东西壁，双目瞵视，栩栩如生，雀不敢至。

由此，我们知道中国画家是有写实的兴趣、技巧、能力与观察力的。不但如此，还有能超出现实阶段，而达于更高境界者。即是传神的境界。

二、传神的境界

任何东西，不论其为木为石，在审美的观点看来，均有生命与精神的表现。画家欲把握一物的灵魂，必须改变他的技巧。就是不能再全部的纯写实的描画，而须抓住几个特点。从下述例证，可以看出。

> 顾恺之……画人尝数年不点目睛，人问其故，答曰："四体妍蚩，本无关于妙处，传神写照，正在阿堵

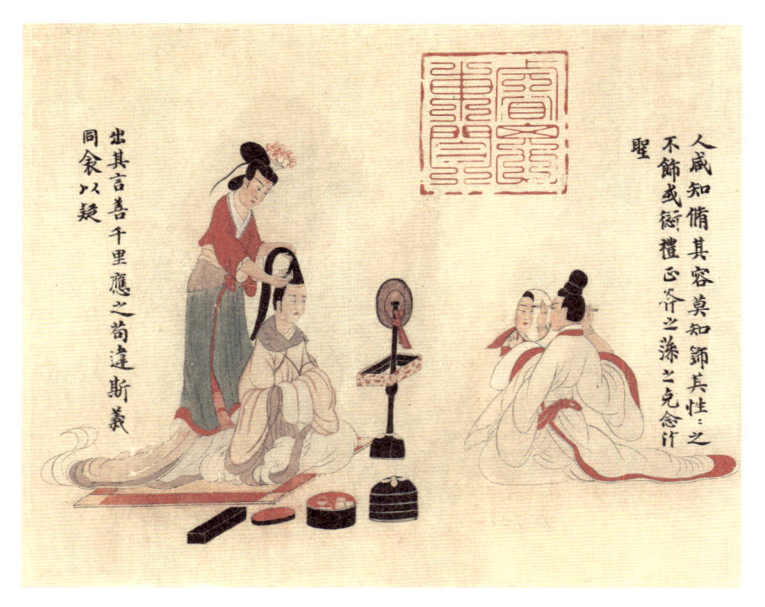

近现代　于非闇《摹顾恺之女史人物卷》（局部）

之中。"又画裴楷真，颊上加三毛，云："楷俊朗有识，具此正是其识，具观者详之，定觉神明殊胜。"

传神不能板滞，必须生动自然，方为杰作。苏东坡有一首题在画上的诗："苍鹰见人时，未起意先改。君从何处看？得此无人态？"这无人之态，便是鹰的自然状态，画家应当把握住。

西洋亦如此。当写实派极盛时，便走入另一阶段而求解脱。法国罗丹是集写实派之大成的人，但他塑像时，却令对象（模特儿）自由行动，言谈举止，一如平时，这时，他藏于屋角，

元　徐泽　架上鹰图

随意取材，把握其自然情态。这正如宋代陈造所说的一样。他说："使人伟衣冠，肃瞻视，巍坐屏息，仰而视，俯而起草，毫发不差，若镜中写影，未必不木偶也。着眼于颠沛、造次、应对、进退、频额、适悦、舒急、倨傲之顷。熟想而默识，一得佳思，亟运笔墨，如兔起鹘落，则气王而神完矣。"即此一段妙论，就可以胜过罗丹了。

明代吴承恩在其《射阳山人集》中，有《送写真李山人序》一文，略谓："通州李先生至淮阴蒋家，士绅请画像，十常得十。人问之，对曰：余非技人也，而游乎技。余初出游时，见人之容貌、老少、长短、肥瘦、妍媸各有不同，为之神往，乃证其眉化，目而墨之，十分中常失五六。既久，知其性，忘其形，求之于俯仰，求之于空貌，求之于情感，有时余与同悲，有时余与同乐——再起作画，此时十失有三四。今余不观人之貌，隐几而坐，忽焉若观斯人于素，又忽焉若见紫色起于眉宇之间，乃急起作画，余不知其肖否？不知其已失几何？"作画至此阶段，可说已至浑化超脱形相，而到最高的境界了。

苏东坡《传神记》说得更透彻。他说："传神之难在目。顾虎头云：'传形写影，都在阿堵中。'其次在颧颊。吾尝于灯下顾自见颊影，使人就壁模之，不作眉目，见者皆失笑，知其为吾也。目与颧颊似，余无不似者，眉与鼻口可增减取似也。传神与相一道，欲得其人之天，法当于众中阴察之。今乃使人具衣冠坐，注视一物，彼方敛容自持，岂复见其天乎？凡人意思，各有所在，或在眉目，或在鼻口。虎头云：'颊上加三毛，觉精采殊胜。'则此人意思盖在须颊间也。优孟学孙叔敖抵掌谈笑，至使人谓死者复生，此岂举体皆似，亦得其意思所在而已。使画者悟此理，则人可以为顾陆。吾尝见僧赠惟真画曾鲁公，初不甚似。一日往见公，归而喜甚，曰：'吾得之矣。'乃于肩后加三纹，隐约可见，作俯首仰视，眉扬而额蹙者，遂大似。南都人陈怀立，传吾神众，以为得其全者。怀立举止如诸生，萧然有于笔墨之外者也。故以吾所闻者助发之。"由此可见中国画重在传神。

山水传神在点苔，苔是山水的眉目，其次如作亭。张宣题画云："石滑岩前雨，泉香树杪风，江山无限景，都在一亭中。"可见亭之于山水，亦如目之于人一样。宋画家郭熙云："画山水数百里间。必有精神聚处，乃足画。散地不足画也。"

三、妙悟的境界

（以下缺）

附

美学（节选）

美学之对象

美学讲什么？美学能否成立为独立之科？自亚里士多德时即开始研究此学，至今千余年，仍无大进步，故时常有人怀疑之。

美学之对象——美可分两方面研究：

I. 人生方面：人生对于世界有三种态度

1. 理智的科学家。

2. 实行的政治经济家。

3. 美的态度：

a. 赏鉴的态度：

（1）自然的美；

（2）人为的美——艺术的美及衣服宫室等实用工具的美。

b. 创造的态度：

人于理智生活、实行生活之外，又必有美之生活，宇宙即有此事实，吾人即须加以研究也。

Ⅱ. 文化方面：人于创造物质、文物、学术、社会之外，又创造美的各物，此实自原始人类已有之，于人生并无大用，乃完全系余力之创造，用以满足美感者，如教堂、雕刻……是也。此为自有文化以来不可否认之事实。人生有美的生活，民族有美术品的文化，皆为美学研究之对象，并非全然空洞无物也。

研究美学之方法

研究美学之方法——四个问题：

1. 分析美感，如美之种类，美之根源及原质等。

2. 美的创造。

a. 人类对于美的创造之历史及其动机如何；

b. 民族心理学上的——此种材料比较不多，故不如 a 条为重要——创造美的过程，内包天才等问题。

3. 艺术之本身——此问题与第二问题有关：

a. 初民之艺术品；

b. 后来艺术家的作品，或是模仿自然，或是表现宇宙观对社会的景物。

艺术品为何物？即客观的研究事实也。风俗不同，材料不同，时代精神不同，东西方向不同，都承认为艺术品，故知必有相同之点也。

美学的东西未必是美的（aesthetic 系广义的美）。

艺术品的分类——艺术的种类为图画、雕刻、诗歌、音乐、跳舞、戏剧、建筑等等。有人分诗歌等为内心的美，建筑等为形体上的美；空间的美，如建筑、图画等，时间的美，如诗歌、音乐等。

4. 美学的应用——即美学之位置如何？如何利用美术以施于教育？如何增加其价值以陶冶民族性？此等美育与文化极有关。

自来美学家全研究此四问题者极少，故不免偏颇，因之分派极多，有人注意其一点者，其解释艺术之起源，常以一己偏见而概其全体，如用心理学研究美学的全体是也；有人专注重艺术品，谓美学无用，因其找不出原则之故，此种态度，美学家皆反对之。他如风格论（最近此说极发达，以各代各族有其特殊风格也）、天才论、艺术起源论等。

美学之趋势

美学之二大趋势：

1. 形式的——形式主义的美学说，谓内容绝无关系，内容完全在艺术方面。形式主义盖主张无表现的美，无内容的美，其出发点在建筑。

2. 内容的——内容主义的美学说，谓一切美不外表现其内容，高等的美术，皆为美术人格之表现。缺点在谓"表现即是美"，实不可视为定论，因纯粹表现，有时不能算美，表现能入轨道，方可谓美也。

实则形式与内容，并不可偏废也。

其次有研究美学之方法：

（1）美感之根据与原质；

（2）艺术之创造与其创造之动机及其过程；

（3）艺术之本身位置并其分类之根据；

（4）美育即利用美术的施行于教育。

美感

美感乃人生对于世界之一种态度。表示人生对世界态度极多，然此态度与他种不同处，大概可分之如下：

1. 实用的态度——如农人或树之主人，见一树，开花甚茂，必联想开花后之结果，可卖钱甚多等等，此为实用的态度，有目的的，系联想的。世人此种态度极多，见森林田禾，常作是想也。

2. 研究的态度——科学家、生物家、哲学家等之观察，多如是，完全用科学眼光，去观察事物，彼等见一盛开花之树，必察其土壤、花、叶、瓣、气候等等；哲学家则谓为一种意志之表现。此种态度，常与其学问联想成一事，当作其学问内之一物，为有目的的，与第一态度同。

3. 客观的态度——或审美的态度，如见一开花之树，即直接看其树之本身色彩、背景，将树与己之关系完全划开，用客观的目光视察之，树之本体与原质乃毕现。此种态度，乃审美条件之一（审美条件尚多），绝无占有的、利害计算的、研究的、解剖的各种观念，必须如此才可审美。

审美方法：静观论

审美方法之（一）审美——用五官的直接感觉、超脱的观察，绝对不杂他种关系，即系审美之一道也。

Contemplation（静观）此字之意，即停止一切冲动，用极冷静之眼光观察之。叔本华谓吾人若用 Contemplation 之状态，去观察，实为审美之要道。彼之美学，即基于此状态之上者，如看失火——初见之则恐怖，因一切财产悉将毁坏，计算心生，即不能生美感。或见他人失火，而赋同情，则美感亦不能生。若能将此观念完全消除，则火焰冲天，必能发生美感，所谓"隔河观火"，即系能将此等观念抛开故也。此等愉快，即因为客观的、无关自身利害的一种观察，所谓 Contemplation 之状态是也。如打仗，本为可怖之事，而影戏中之打仗则生快感，即系知其为假的，而不生计较心、同情心之故。（假象亦可引起快感，详另论。）美感之心理的分析，须用全副的研究状态，除去一切主观关系，已如上述，然此不过审美条件之一，不能谓为审美之究竟也（全部事实尚多）。故此为第一步。第二步即为同感作用。

审美方法：同感论

审美方法之（二）Einfühlung & theorie=Empathy（英译）同感或感入。如看失火，感自身内部生命之情绪，亦如火，然将火视为同情之物，视为生命之象征，生命之表现（凡将个人内部之情绪感入此物，而视此物为生命之表现，即为同感）。又如在野外见一树，除去普遍之利害观念，则可审美，再见图画中之树，与野外之树相同，于是，联想到野外树旁之景，与此景有关之诗等等，此为联想法，亦系审美方法之一。德之 Gustav Thodor Fechner 主张之 associative factor 是也，后详论之。

同感论：同感论发源甚久。德人 Johann Gottfried von Herder（1744—1803，德诗人兼哲学家）常倡之，此时，外表形式美说颇盛，彼故倡此说以辟之。彼谓美非仅由外间形式，实表现内部之精神，如建筑物，非仅代表堆积之石物，实为一时代精神之表现，由无机合成为有机。艺术品既为有机，吾人身体乃亦凑合若干有机而达为一贯者，与艺术品无大异，故对艺术品常赋予一种同感也。西洋各时代之建筑，俱足以表现各时代之思想、宗教、政治科学等等，人生之态度变迁，其建筑物必大不同，有平正者，有矗立者，有缥缈欲离世者，皆可代表时代之精神也。后 Lipps 即本此说而加以发挥。

Romanic 时代变为唯美时代，拿自然世界作为个人之照镜，彼谓人所以感天然界之美者，因人之生命情绪，可以感入也，彼所以能令人感入，即因其为如有机物之故。此说几与同感论极似，所差者，在彼欣赏自然，将小己亦纳入自然中，而与之同化，不能纯以同感态度出之也，与其谓为与同感论极似，不如谓为 Contemplation 之态度之推广也。

继 Herder 之后，Hegel 亦称大家，尤以 Friedrich Theodor Vischer（1807—1887，著《美学》六大本）为最著，其学说实出于 Hegel，大倡表现生命的象征论，如油画，不过油布与颜色之配合而已，实用符号表其内容，代表其个人之精神，背后乃另有境界，此即所谓象征论也。如耶稣因救世人，死于十字架，耶徒一见十字架，则思及耶稣救人之精神。美之象征，与此不同，知其背后另有境界，另有事物表现。如见油画，决不先思油与布之如何，而直接见画中之境界。象征云者，用一物代表他一物，而一物之精神、情形，完全由此物代表出来之谓也。故艺术品非真物，乃为真物之表现，虽知其为假的，同时觉其如真者，然而，同时仍知其为假的。此一派之说法，大概如是，对否，后评之。

艺术家之目的，在用如何方法，使人最易感到明了其艺术物所代表之境界——即其自心中所有之境界，彼等既以此目的，故其用功有细致者，有飞扬者，如画家之粗细，诗家之刚柔，各个不同派别斯分，然其目的既同，故虽现实，画家终不能十分客观，个人人格，仍留痕迹，不能脱此窠臼也。

然吾人虽有此同感能力，Einfühlung 一见艺术物，而予以同情，然同感不能即谓为美，何以一定要美感，实为疑问，此其说之不充实处，尚当进而讨论之。

有触即受之，感力所由来，说亦不同。

1. 先天论——谓为先天的，生来即有此同感能力，一触，即直接承受，如小儿见绿，即知为绿是也；

2. 经验论——谓凡从前所见闻过的，再接触时，即可联想到从前之事实，故同感系后天的。德人 Hermann Lotze（1817—1881），即此派之健者，且谓同感作用，系普通的，不过仅限于审美之一端。审美之功，实基于此耳。（Einfühlung 译为同感，如观戏中喜悲而表同情，因同感也。至画中所表喜悲，亦表同情，实则画无喜悲之可言，乃因吾人之感觉深入其中故也。故译感入亦恰当。又普通之同感，亦有感入之意，盖吾人设身处地，拿己身作则，则永不能表示同感也，至此物之表现，究竟如何，终不得知也。如秋景花落草萎，人多愁哀之，实则秋何尝可哀，皆因己心有此悲哀，一触此物，遂有凭寄，诗人文人之作品，大概从此而来——人格化——科学家视之将发噱矣。）

T.Volkelt——主张直接的同感为精神上的普遍之作用，随时随事俱有同感较为直接耳。彼常分美同感与他同感之不同：

1. 美之同感较其他同感为深刻（程度方面）；

2. 美之同感完全是直观的感觉（质方面）；

对彼此说多不满意，因（1）如见老人恸哭，亦常有极深刻之同感，不仅美感为然也，故美同感不当用度量量之；（2）平常之同感，亦多直观的，不仅限于美感。

彼于普遍中抬出美同感为直接的，并无大贡献，惟对于同感之分析多可取者。

1. 生理上的同感作用——如善骑者见雕刻之骑物，则得到较常人更深之同感，肌肉如动者。

2. 联想的同感作用——如看好诗而思及好花，见好景而思及好诗等。

3. 直接的同感作用——如音乐，即起同感作用，好花、好诗、雕刻虽亦有同感作用，然究不如音乐为直接。

Lipps——为同感论中之最重要者，常谓寻常人之同感总不能十分客观，不能断绝一切与己之关系，而美之同感，则为绝对客观的，静观的，一身之全副精神集注之，而不外役也。惟美术才有此魔力，其与他物不同之处，善即在是，彼又进一步讨论美术为何能使吾人如此圆满无憾。

1. 艺术品所表现为幻界而非真界，故画中虽有若何危害物，人不怕之，然又非完全假的；若全为假的，吾人当作假的看之，亦无同感之作用矣。故艺术之世界，乃另一世界，介乎真假之间，名曰艺术之真实（aesthetic reality），吾人所以能感入者以此。

2. 艺术品可免除一切真实界所有之障碍。真实界之现象，时为他事障蔽之，故人不易得，其真象如人，本怒而强作镇静，若无事者，外人不易看出之，艺术家可将此等障蔽脱去，表其特点，精神既集中，见者易感入。

3. 艺术所表现的，多系有意义的、有价值的——近代画家则不尽然，使人见之，易起联想，如某人画拿破仑失败后归至某王宫之怒容，备极愤慨，见而惹人注意，且起全功将东流之想也。

4. 使人人格提高，此系从第三生来。再如见某之义愤，某人之悲惨，彼既系有价值之人物，见而易赋同情之感，个人人格亦提高。他如大川、高山、深海、巨石，见而器重增大。再，艺术品最易使人格受理想化，见伟大人物，必摹仿之，亦可提高人格。Lipps之分析固详，然其失败亦即在是。因第一，生美非尽由同感而来，审美亦有绝大关系，且美为第三的实在；第二，增高人格，虽由同感而来，然实为另一作用之现象（如情绪等等），所谓复杂之意志是也（彼亦承认复杂意志，故其自说，实相矛盾）。

彼又常解释几何形体之形式，谓如正方形，四边本等长，吾人视之，两旁线似短两上下线为长者，此则因人系立的，故觉两线向上增长也。亦系摹仿之说法，然殊觉牵强。

K.Groos——与Lipps同时，其学说与同感论极仿，而异其名称，彼谓审美为内心模仿，如看诗则如将其内容模仿一遍，看画亦然，实与 Lipps 谓"吾心之内容感到此境界感入此物"无大差异，不过名词略变而已，照此亦可说读书一遍，系模仿一遍也，惟此名词不合用，名曰模仿，不如名为幻境之创造，如多人看画所感到的境界，必不尽同，故审美富含有少许创造性，非全模仿也。且彼谓模仿完全为客观的，则人人所模仿必极同，今因人之经验不同，而实际上殊不然，则其说不圆满可知也。

彼说施行于戏剧较为确当（因戏剧系纯客观的模仿），然有时亦不尽然，因才高者时出特态，亦可博美感之同情也。

审美方法：实验说

审美方法之三：Gustav Theoder Fechner（德国之哲学家、心理学家，首创实验美学者）。十九世纪讲美学者，多以数个名词合起来讲，至 Vischer 则渐从事于实验方面，所谓 speculative aesthetics 之美遂稍衰，Fechner 出，谓当先从具体的形体默想着手，谓自己的美学，系从下往上升的，他人的则系从上往下来的，如拿极简单的几何形体，令多数学生看，如都以那几个形体为好，则再进而讨论其学之所在，以及如何去建设，故谓为普通的，形体的，实验的。此其学说之大概也。至其所用之方法有三：

1. 选择的——即须经多人认可；

2. 配成法——令个人拣择；

3. 测量法——何者形体能生美感，何者不能。

彼常将美原质分为六种，约言之，则可分为三大类，一二两种可名为（1）质的原质；三四种可名为（2）量的原质；五六种可名为（3）内容的原质；其最大贡献则在联想方法，associations principle 之学说（六种美学原则之一），今将其六种美学原则说明如下：

（1）刺激阶级——美的对象总得超过吾们感到的一种相当阶级，才能生美，不然则不觉其美，如看不见的、听不见的，吾人既得不到刺激，又何美之可生，此为心理上一定之现象也（心理上普通事物亦然）。

（2）凑合——必须凑合，始生美感，如音乐仅有调子，仅有节奏，仍不能感到美，图画亦然。

（3）复杂的一致——单调固不生美，纯复杂而无章亦不美，必复杂中再有一致的和谐始美。如音乐，虽各器俱全，同时再表一致的节奏，则美感生。房子亦然，各式竞立中再有一致的趋向，才能好看。

（4）真实——物须真实而不矛盾的，美才能生，如画一物而去事实太远，则美不能生，故对象须求真实。

（5）清楚——有明白的表现始可生美，暧昧则不行矣。

（6）联想原则：A.direct factor：对象的形体颜色等，如桃子，只见其外表为直接感触者。

B.associative factor：此则于感触之后，即可感到别的方面，如见桃子而思及其味道、桃树、桃花以及咏桃之诗、画桃之画等等，然吾人若见木作之桃，其联想决不至如此之多。

凡任何对象，皆有此两面，故联想为内心的经验，吾人寻常所见者，不过形体与颜色，而内中之意义，大半由经验而来，惟知此种联想与客观的对象已溶化，故虽非直接经验所有，却能直接感觉进去，不待迟回，也如见桃子，立时想到甜味。

彼又谓美感的内容，大概皆系联想作用，艺术之功用，亦即在如何能使人见其作品，发生联想，盖联想愈多，美感愈浓也。

彼尝自名其说，系从下往上的，从简单进至复杂高深的，已如上述，此其在美学史上之价值也。至其美学说之内容，已见上述六原则，彼之联想论，完全基于直接的观察与原有之经验于融合而成为另一感觉，故物所表现之内容乃吾人所赋予者，如一见椅子，而使立刻知其系硬的，可坐的，为立体的，固不待诸试验以后也，若物能将境界完全托上，吾人亦无所用其联想，转觉兴趣索然矣，设告以此桃为木所制者，则各项联想，定不发生，故美之实际即存在于联想中间。

批评——彼说之缺憾：（1）联想为普通之心理作用，并非美学之特有原质，彼不能与美原质与其他普通原理分开，且不能指出何者为美的联想，何者非美的联想，殊为缺憾。

（2）direct factor 之本身亦有问题，彼谓 direct factor 为物之对象，即形式及颜色，设完全没有联想，则美的（direct factor）与普通的（direct factor）亦必有不同之点，如颜色等等，也当分别什么样为美术品之 factor，什么样为非美术品之 factor 也。又如看见椭圆形、长方形（几何上的形体），直接觉其比他样形式为美，并非因为有什么联想，故联想论施诸一切为不全合，故某为直接的 factor，某为联想的 factor，真实分析之，实难做到，故 direct 与 associative 云云，亦不过对待言之而已。

惟其说影响后人则甚大，彼弟子且常用各种实验，遂开后人实验美学派。

审美方法：幻想论

审美方法之四：Illusionstheory 幻想论——Konrad Lange 此派在德国势颇大，彼谓吾人感觉艺术品之美，由于自觉的幻象，故艺术者，自觉之幻想也，如做梦然。再如看戏时，感戏之愉快，同时有二联想：

（1）认为真实——然仅为真实则亦无大意味，故同时破坏第一联想，而另立一联想。

（2）认为假的——系表现的。

凡审美皆有此二联想作用，彼常用雕刻物来举例，谓各雕刻二力士在一处打架，如二人真打然，亦无美之价值，然在雕刻上，则生美感，其理由即因美系幻想实事，不过一种联想，而雕刻则有二种联想同时并生也，然有两联想为何生美？彼解释之曰："吾人精神界摇动于两联想之间，故不单调而生美感。"彼意，美有两种成分，第一，即幻想，第二，为破坏幻想者，二者之分量实等重也。如画则有画框子，如戏则有台及观众，皆系用以破坏幻想者，故虽表演惨悲之事，而不觉有流血杀人之痛也。在他方面，如蜡人院及假山水等，几如真者一样，反不觉其有艺术之价值，故纯粹幻象，反不足引起美感。

审美方法：批评论

批评——Lange之说，虽觉伶俐，然多不满人意，因审美第一须用Contemplation之态度，忘自己之成分愈多，则艺术品之价值愈高，故艺术品以能引人用全副精神注意之者为上乘，若精神摇荡于真假之间，反感不安，又有何美感之可言？且纯粹艺术，系一致的，不能任意分析之，艺术品之贵，即在逼真，令人几忘其为假的，如观戏时，到好处几忘己身置于何地也。彼谓戏台为扰乱纯粹幻觉之成分，反重视之，适与此向相反也。即艺术品之本身，决不容此扰乱成分，参与其间，他如蜡人院及假山水，其不能令人生美感，并不在其无破坏幻觉之物，乃其他方面，配不适宜也，见真发蜡手真衣假发等等，配不调和，遂失一致，其不美处，正因其不似真物之故，如纯粹大理石者，人反觉其美，即可见也，故 Lange 之说，适得其反面。再，吾人看画看戏，并无单注意其框与戏台者。

自然界之审美方法

至如自然界之真山水，只有对象，并无所谓幻觉。彼对此层解释，尤感勉强，彼谓先当作艺术品看，然后可知其为真的，故精神仍能摇荡于两者之间，而生美感。惟吾人实际感受自然时，则觉精神愈能与自然融合愈好，并不有先当作艺术品看之观念。艺术是表现一个对象，故为另外之实际——艺术世界——前曾言之，吾人看艺术品而知其非真者，盖当吾人初拟看时，已先知之，故戏台影戏之杀人放火，既不惊走，亦不往救。Lange 之所谓破坏真实，与此相似而实非，彼不知艺术所表现之境界，即系如此者，故一方面，表现之对象，务求逼真，一方面，仍不失其艺术世界之真面目，与一面表真，一面破坏者，迥不相同。即就艺术之创造家而论，亦不能一方创造幻境，一方再创造破坏，此幻境之物，如 Lange 所言者，盖求真实与求破坏二事，绝难同时并容也。

先秦工艺美术和古代哲学、文学中所表现的美学思想

一、把哲学、文学著作和工艺、美术品联系起来研究

中国先秦出了许多著名的哲学家。他们不可能不谈到美的问题，也不可能不发表对于艺术的见解。尤其是庄子，往往喜欢用艺术做比喻说明他的思想。孔子也曾经用绘画来比喻礼，用雕刻来比喻教育，孟子对美下了定义。《吕氏春秋》《淮南子》谈到音乐。《礼记·乐记》更提供了一个相当完整的美学思想体系。

但是仅仅限于文字，我们对于这些古代思想家的美学思想往往了解得不具体，因而不深刻，我们应该结合古代的工艺品、美术品来研究。例如，结合汉代壁画和古代建筑来理解汉朝人的赋，结合发掘出来的编钟来理解古代的乐律，结合楚墓中极其艳丽的图案来理解《楚辞》的美，等等。这种结合研究所以是必要的，一方面是因为古代劳动人民创造工艺品时

不单表现了高度技巧，而且表现了他们的艺术构思和美的理想（表现了工匠自己的美学思想）。像马克思所说，他们是按照美的规律来创造的。另方面是因为古代哲学家的思想，无论在表面上看来是多么虚幻（如庄子），但严格讲起来都是对当时现实社会、对当时的实际的工艺品、美术品的批评。因此脱离当时的工艺美术的实际材料，就很难透彻理解他们的真实思想。

恩格斯说过："原则不是研究的出发点，而是它的最终结果；这些原则不是被应用于自然界和人类历史，而是从它们中抽象出来的；不是自然界和人类去适应原则，而是原则只有在适合于自然界和历史的情况下才是正确的。"（《反杜林论》，人民出版社1972年版，第32页）毛主席也说："我们讨论问题，应当从实际出发，不是从定义出发。"（《毛泽东选集》第3卷，人民出版社1966年版，第875页）我们现在来研究中国美学史，应该努力运用经典作家所指示的这种理论联系实际的科学的研究方法。

二、错采镂金的美和芙蓉出水的美

鲍照比较谢灵运的诗和颜延之的诗，谓谢诗如"初发芙蓉，自然可爱"，颜诗则是"铺锦列绣，雕缋满眼"。《诗品》："汤惠休曰：谢诗如芙蓉出水，颜诗如错采镂金。颜终身病之。"（见钟嵘《诗品》《南史·颜延之传》）这可以说是代表了中国美学史上两种不同的美感或美的理想。

北宋　牙白划花莲花葵花式碗　　　　　　　清代　乾隆粉彩蟠桃天球瓶

这两种美感或美的理想，表现在诗歌、绘画、工艺美术等各个方面。

楚国的图案、楚辞、汉赋、六朝骈文、颜延之诗、明清的瓷器，一直存在到今天的刺绣和京剧的舞台服装，这是一种美，"镂金错采、雕缋满眼"的美。汉代的铜器、陶器，王羲之的书法，顾恺之的画，陶潜的诗，宋代的白瓷，这又是一种美，"初发芙蓉，自然可爱"的美。

魏晋六朝是一个转变的关键，划分了两个阶段。从这个时候起，中国人的美感走到了一个新的方面，表现出一种新的美的理想。那就是认为"初发芙蓉"比之于"镂金错采"是一种更高的美的境界。在艺术中，要着重表现自己的思想，自己的人格，而不是追求文字的雕琢。陶潜作诗和顾恺之作画，都是突出的例子。王羲之的字，也没有汉隶那么整齐，那么有装饰性，而是一种"自然可爱"的美。这是美学思想上的一个大的解放。诗、书、画开始成为活泼泼的生活的表现，独立的自我表现。

这种美学思想的解放在先秦哲学家那里就有了萌芽。从三代铜器那样整齐严肃、雕工细密的图案，我们可以推知先秦诸子所处的艺术环境是一个"镂金错采、雕缋满眼"的世界。先秦诸子对于这种艺术境界各自采取了不同的态度。一种是对这种艺术取否定的态度。如墨子，认为是奢侈、骄横、剥削的表现，使人民受痛苦，对国家没有好处，所以他"非乐"，即反对一切艺术。又如老庄，也否定艺术。庄子重视精神，轻视物质表现。老子说："五音令人耳聋，五色令人目盲。"另一种对这种艺术取肯定的态度，这就是孔孟一派。艺术表现在礼器上、乐器上。孔孟是尊重礼乐的。但他们也并非盲目受礼乐控制，而要寻求礼乐的本质和根源，进行分析批判。总之，不论肯定艺术还是否定艺术，我们都可以看到一种批判的态度，一种思想解放的倾向。这对后来的美学思想，有极大的影响。

但是实践先于理论，工匠艺术家更要走在哲学家的前面。先在艺术实践上表现出一个新的境界，才有概括这种新境界的理论。现在我们有一个极珍贵的出土铜器，证明早于孔子一百多年，就已从"镂金错采、雕缋满眼"中突出一个活泼、

春秋时期　莲鹤方壶

生动、自然的形象，成为一种独立的表现，把装饰、花纹、图案丢在脚下了。这个铜器叫"莲鹤方壶"。它从真实自然界取材，不但有跃跃欲动的龙和螭，而且还出现了植物：莲花瓣。表示了春秋之际造型艺术要从装饰艺术独立出来的倾向。尤其顶上站着一个张翅的仙鹤象征着一个新的精神，一个自由解放的时代。

郭沫若对于此壶曾作了很好的论述：

> 此壶全身均浓重奇诡之传统花纹，予人以无名之压迫，几可窒息。乃于壶盖之周骈列莲瓣二层，以植物为图案，器在秦汉以前者，已为余所仅见之一

例。而于莲瓣之中央复立一清新俊逸之白鹤，翔其双翅，单其一足，微隙其喙作欲鸣之状，余谓此乃时代精神之一象征也。此鹤初突破上古时代之鸿蒙，正踌躇满志，睥睨一切，践踏传统于其脚下，而欲作更高更远之飞翔。此正春秋初年由殷周半神话时代脱出时，一切社会情形及精神文化之一如实表现。

（《殷周青铜器铭文研究》）

这就是艺术抢先表现了一个新的境界，从传统的压迫中跳出来。对于这种新的境界的理解，便产生出先秦诸子的解放思想。

上述两种美感，两种美的理想，在中国历史上一直贯穿下来。

六朝的镜铭："鸾镜晓匀妆，慢把花钿饰，真如绿水中，一朵芙蓉出。"（《金石索》）在镜子的两面就表现了两种不同的美。后来宋词人李德润也有这样的句子："强整娇姿临宝镜，小池一朵芙蓉。"被况周颐评为"佳句"（《蕙风词话》）。

钟嵘很明显赞美"初发芙蓉"的美。唐代更有了发展。唐初四杰，还继承了六朝之华丽，但已有了一些新鲜空气。经陈子昂到李太白，就进入了一个精神上更高的境界。李太白诗："清水出芙蓉，天然去雕饰"，"自从建安来，绮丽不足珍。圣代复元古，垂衣贵清真"。"清真"也就是清水出芙蓉

六朝铜镜样式

的境界。杜甫也有"直取性情真"的诗句。司空图《诗品》虽也主张雄浑的美，但仍倾向于"清水出芙蓉"的美："生气远出，妙造自然。"宋代苏东坡用奔流的泉水来比喻诗文。他要求诗文的境界要"绚烂之极归于平淡"，即不是停留在工艺美术的境界，而要上升到表现思想情感的境界。平淡并不是枯淡，中国向来把"玉"作为美的理想。玉的美，即"绚烂之极归于平淡"的美。可以说，一切艺术的美，以至于人格的美，都趋向玉的美，内部有光采，但是含蓄的光采，这种光采是极绚烂，又极平淡。苏轼又说："无穷出清新。""清新"与"清真"也是同样的境界。

清代　白玉子辰珮

　　清代刘熙载《艺概》也认为这两种美应"相济有功"。即形式的美与思想情感的表现结合，要有诗人自己的性格在内。近代王国维《人间词话》提出诗的"隔"与"不隔"之分。清真清新如陶谢便是"不隔"，雕缋雕琢如颜延之便是"隔"。"池塘生春草"好处就在"不隔"。而唐代李商隐的诗则可说是一种"隔"的美。

　　这条线索，一直到现在还是如此。我们京剧舞台上有浓厚的彩色的美，美丽的线条，再加上灯光，十分动人。但艺术家不停留在这境界，要如仙鹤高飞，向更高的境界走，表现出生活情感来。我们人民大会堂的美也可以说是绚烂之极归于平淡。这是美感的深度问题。

　　这两种美的理想，从另一个角度看，正是艺术中的美和真、善的关系问题。

艺术的装饰性，是艺术中美的部分。但艺术不仅满足美的要求，而且满足思想的要求，要能从艺术中认识社会生活、社会阶级斗争和社会发展规律。艺术品中本来有这两个部分：思想性和艺术性。真、善、美，这是统一的要求。片面强调美，就走向唯美主义；片面强调真，就走向自然主义。这种关系，在古代艺术家（工匠）那里，主要就是如何把统治阶级的政治含义表现美，即把器具装饰起来以达到政治的目的。另方面，当时的哲学家、思想家在对于这些实际艺术品的批判时，也就提供了关于美同真、善的关系的不同见解。如孔子批判其过分装饰，而要求教育的价值；老庄讲自然，根本否定艺术，要求放弃一切的美，归真返朴；韩非子讲法，认为美使人心动摇、浪漫，应该反对；墨子反对音乐，认为音乐引导统治阶级奢侈、不顾人民痛苦，认为美和善是相违反的。

三、虚和实（一）《考工记》

先秦诸子用艺术作譬喻来说明他们的哲学思想，反过来，他们的哲学思想对后代艺术的发展也起很大影响。我们提出其中最重要的一个观念，即虚和实的观念，结合这一观念在以后的发展来谈一谈。

《考工记》《梓人为筍虡》章已经启发了虚和实的问题。

钟和磬的声音本来已经可以引起美感，但是这位古代的工匠在制作筍虡时却不是简单地做一个架子就算了，他要把整个器具作为一个统一的形象来进行艺术设计。在鼓下面安放着虎豹等猛兽，使人听到鼓声，同时看见虎豹的形状，两方面在脑中虚构结合，就好像是虎豹在吼叫一样。这样一方面木雕的虎豹显得更有生气，而鼓声也形象化了，格外有情味，整个艺术品的感动力量就增加了一倍。在这里艺术家创造的形象是"实"，引起我们的想象是"虚"，由形象产生的意象境界就是虚实的结合，一个艺术品，没有欣赏者的想象力的活跃，是死的，没有生命，一张画可使你神游，神游就是"虚"。

《考工记》所表现的这种虚实结合的思想，是中国艺术的一个特点。中国画很重视空白。如马远就因常常只画一个角落而得名"马一角"，剩下的空白并不填实，是海，是天空，却并不感到空。空白处更有意味。中国书家也讲究布白，要求"计白当黑"。中国戏曲舞台上也利用虚空，如"刁窗"，不用真窗，而用手势配合音乐的节奏来表演，既真实又优美。中国园林建筑更是注重布置空间、处理空间。这些都说明，以虚带实，以实带虚，虚中有实，实中有虚，虚实结合，这是中国美学思想中的核心问题。

虚和实的问题，这是一个哲学宇宙观的问题。

这可以分成两派来讲。一派是孔孟，一派是老庄。老庄认为虚比真实更真实，是一切真实的原因，没有虚空存在，万

南宋　马远《梅石溪凫图》

物就不能生长，就没有生命的活跃。儒家思想则从实出发，如孔子讲"文质彬彬"，一方面内部结构好，一方面外部表现好。孟子也说"充实之谓美"。但是孔孟也并不停留于实，而是要从实到虚，发展到神妙的意境："充实而有光辉之谓大，大而化之之谓圣，圣而不可知之之谓神。"圣而不可知之，就是虚：只能体会，只能欣赏，不能解说，不能摹仿，谓之神。所以孟子与老庄并不矛盾。他们都认为宇宙是虚和实的结合，也就是《易经》上的阴阳结合。易系辞传："易之为书也，不

清　石涛《搜尽奇峰打草稿》（局部）

可远；为道也，累迁。变动不居，周流六虚。"世界是变的，而变的世界对我们最显著的表现，就是有生有灭，有虚有实，万物在虚空中流动、运化，所以老子说，"有无相生"，"虚而不屈，动而愈出"。

　　这种宇宙观表现在艺术上，就要求艺术也必须虚实结合，才能真实地反映有生命的世界。中国画是线条，线条之间就是空白。石涛的巨幅画《搜尽奇峰打草稿》（故宫藏），越满越觉得虚灵动荡，富有生命，这就是中国画的高妙处。六朝庾子山的小园赋也有这种情趣。

四、虚和实（二）化景物为情思

　　上面讲了虚实问题的一个方面，即思想家认为客观现实是个虚实结合的世界，所以反映为艺术，也应该虚实结合，才有

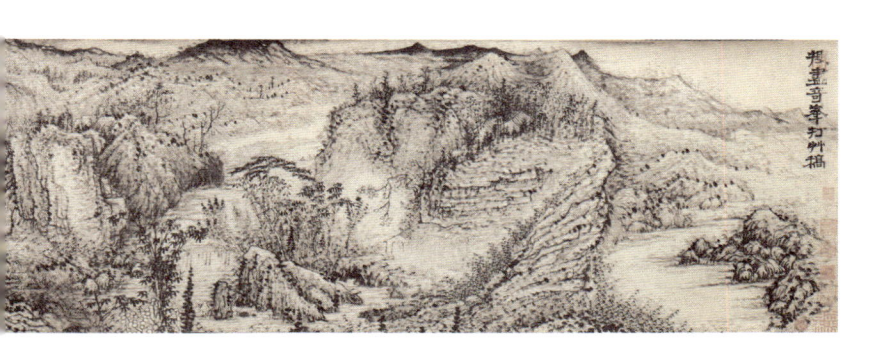

生命。现在再讲虚实问题的另一个方面,即思想家还认为艺术要主观和客观相结合,才能创造美的形象。这就是化景物为情思的思想。

宋人范晞文《对床夜语》说:"不以虚为虚,而以实为虚,化景物为情思,从首至尾,自然如行云流水,此其难也。"

化景物为情思,这是对艺术中虚实结合的正确定义。以虚为虚,就是完全的虚无;以实为实,景物就是死的,不能动人;唯有以实为虚,化实为虚,就有无穷的意味,幽远的境界。

清人笪重光《画筌》说:"实景清而空景现","真境逼而神境生","虚实相生,无画处皆成妙境"。清人邹一桂《小山画谱》说:"实者逼肖,则虚者自出。"这些话也是对于虚实结合的很好说明。艺术通过逼真的形象表现出内在的精神,即用可以描写的东西表达出不可以描写的东西。

我们举一些实例来说明这个问题。

《三岔口》这出京戏,并不熄掉灯光,但夜还是存在的。这里夜并非真实的夜,而是通过演员的表演在观众心中引起虚构的黑夜,是情感思想中的黑夜。这是一种"化景物为情思"。

《梁祝相送》可以不用布景,而凭着演员的歌唱、谈话、姿态表现出四周各种多变的景致。这景致在物理学上不存在,在艺术上却是存在的,这是"无画处皆成妙境"。这不但表现出景物,更重要的结合着表现了内在的精神。因此就不是照相的真实,而是挖掘得很深的核心的真实。这又是一种"化景物为情思"。

《史记·封禅书》写海外三神山,用虚虚实实的文笔,描写空灵动荡的风景,同时包含着对汉武帝的讽刺。作家要表现的历史上真实的事件,却用了一种不易捉摸的文学结构,以寄托他自己的情感、思想、见解。这是"化景物为情思",表现出司马迁的伟大艺术天才。

范晞文《对床夜语》论杜甫诗:"老杜多欲以颜色字置第一字,却引实事来。如'红入桃花嫩,青归柳叶新'是也。不如此,则语既弱而气亦馁。""红"本属于客观景物,诗人把它置第一字,就成了感觉、情感里的"红"。它首先引起我的感觉情趣,由情感里的"红"再进一步见到实在的桃花。经过这样从情感到实物,"红"就加重了,提高了。实化成虚,虚实结合,情感和景物结合,就提高了艺术的境界。

南宋　赵伯驹《仙山楼阁图》

诗人欧阳修有首诗："夜凉吹笛千山月，路暗迷人百种花。棋罢不知人换世，酒阑无赖客思家。"这里情感好比是水，上面飘浮着景物。一种忧郁美丽的基本情调，把几种景致联系了起来。化实为虚，化景物为情思，于是成就了一首空灵优美的抒情诗。

《诗经·硕人》："手如柔荑，肤如凝脂，领如蝤蛴，齿如瓠犀，螓首蛾眉，巧笑倩兮，美目盼兮。"前五句堆满了形象，非常"实"，是"镂金错采、雕缋满眼"的工笔画。后二句是白描，是不可捉摸的笑，是空灵，是"虚"。这二句不用比喻的白描，使前面五句形象活动起来了。没有这二句，前面五句可以使人感到是一个庙里的观音菩萨。有了这二句，就完成了一个如"初发芙蓉，自然可爱"的美人形象。

近人王蕴章《燃腊余韵》载："女士林韫林，福建莆田人，暮春济宁（山东）道上得诗云：'老树深深俯碧泉，隔林依约起炊烟，再添一个黄鹂语，便是江南二月天。'有依此绘一便面（扇面）者，韫林曰：'画固好，但添个黄鹂，便失我言外之情矣。'"在这里，诗的末二句是由景物所生起之"情思"，得此二句遂能化景物为情思，完成诗境，亦即画境进入诗境。诗境不能完全画出来，此乃"诗"与"画"的区别所在。画实而诗为画中之虚。虚与实，画与诗，可以统一而非同一。

以上所说化景物为情思、虚实结合，在实质上就是一个艺术创造的问题。艺术是一种创造，所以要化实为虚，把客观真实化为主观的表现。清代画家方士庶说："山川草木，造化自然，此实境也；画家因心造境，以手运心，此虚境也。虚而为实，在笔墨有无间。"（《天慵庵随笔》）这就是说，艺术家创造的境界尽管也取之于造化自然，但他在笔墨之间表现了山苍木秀、水活石润，是在天地之外别构一种灵奇，是一个有生命的、活的，世界上所没有的新美、新境界。凡真正的艺术家都要做到这一点，虽然规模大小不同，但都必须有新的东西、新的体会、新的看法、新的表现，他的作品才能丰富世界，才有价值，才能流传。

五、《易经》的美学（一）贲卦

《易经》是儒家经典，包含了丰富的美学思想。如《易经》有六个字"刚健、笃实、辉光"，就代表了我们民族一种很健全的美学思想。《易经》的许多卦，也富有美学的启发，对于后来艺术思想的发展很有影响。六朝刘勰《文心雕龙·情采篇》篇说："是以衣锦褧衣，恶文太章，贲象穷白，贵乎反本。"又《征圣篇》说："文章昭晰以象'离'。""贲"和"离"都是《易经》里的卦名。这位伟大的文学理论家从易卦里也得到美学思想的启发。所以我也不放弃在这里面探索一下中国古代美学思想。

我们先介绍贲卦的美学思想。总起来说，贲卦讲的是一个文与质的关系问题。

☲☶贲　贲者饰也，用线条勾勒出突出的形象。这同中国古代绘画思想有联系。《论语》记孔子的话："绘事后素。"（郑康成注："绘画，文也。凡绘画先布众色，然后以素分布其间，以成其文。"）《韩非子》记"客有为周君画荚者"的故事，都说明中国古代绘画十分重视线条，这对我们理解贲卦有帮助。现在我们分三点来谈一谈贲卦的美学思想。

（一）象曰："山下有火。"夜间山上的草木在火光照耀下，线条轮廓突出，是一种美的形象。"君子以明庶政"，是说从事政治的人有了美感，可以使政治清明。但是判断和处理案件却不能根据美感,所以说"无敢折狱"。这表明了美和艺术（文饰）在社会生活中的价值和局限性。

（二）王廙（王羲之的叔父）曰:"山下有火,文相照也。夫山之为体,层峰峻岭,峭崄参差,直置其形,已如雕饰,复加火照,弥见文章,贲之象也。"（李鼎祚《周易集解》）美首先用于雕饰,即雕饰的美。但经火光一照,就不只是雕饰的美,而是装饰艺术进到独立的艺术:文章。文章是独立纯粹的艺术。在火光照耀下,山岭形象有一部分突出,一部分看不见,这好像是艺术的选择。由雕饰的美发展到了以线条为主的绘画的美,更提高了艺术家的创造性,更能表现艺术家自己的情感。王廙的时代正是山水画萌芽的时代,他上述的话,表明中国画家已在山水里头见到文章了。这是艺术思想的重要发展。

唐人张彦远《历代名画记》:唐以前山水大抵"群峰之势,若钿饰、犀栉,或水不容泛,或人大于山","石则务于雕透,如冰澌斧刃;绘树则刷脉镂叶,多栖梧宛柳,功倍愈拙,不胜其色。"这是批评当时的山水画停留在雕琢的美,而没有用人的诗的境界加以概括,使山水成为一首诗,一篇文章。这同样表示了艺术思想的发展,要求像火光的照耀作用一样,用人的精神对自然山水加以概括,组织成自己的文章,从雕饰的美,进到绘画的美。

（三）我们在前面讲到过两种美感、两种美的理想:华丽繁富的美和平淡素净的美。贲卦中也包含了这两种美的对立。

"上九，白贲，无咎。"贲本来是斑纹华采，绚烂的美。白贲，则是绚烂又复归于平淡。所以荀爽说："极饰反素也。"有色达到无色，例如山水花卉画最后都发展到水墨画，才是艺术的最高境界。所以《易经》杂卦说："贲，无色也。"这里包含了一个重要的美学思想，就是认为要质地本身放光，才是真正的美。所谓"刚健、笃实、辉光"，就是这个意思。

这种思想在中国美学史上影响很大，像六朝人的四六骈文、诗中的对句、园林中的对联，讲究华丽词藻的雕饰，固是一种美，但向来被认为不是艺术的最高境界。要自然、朴素的白贲的美才是最高的境界。汉刘向《说苑》：孔子卦得贲，意不平，子张问孔子曰，"贲，非正色也，是以叹之"，"吾闻之，丹漆不文，白玉不雕，宝珠不饰。何也？质有余者，不受饰也"。最高的美，应该是本色的美，就是白贲。刘熙载《艺概》说："白贲占于贲之上爻，乃知品居极上之文，只是本色。"所以中国人的建筑，在正屋之旁，要有自然可爱的园林；中国人的画，要从金碧山水，发展到水墨山水；中国人作诗作文，要讲究"绚烂之极，归于平淡"。所有这些，都是为了追求一种较高的艺术境界，即白贲的境界。白贲，从欣赏美到超脱美，所以是一种扬弃的境界，刘勰《文心雕龙》里说："衣锦褧衣，恶文太章，贲象穷白，贵乎反本。"（按《中庸》："衣锦尚绢，恶其文太著也。"）这也是贲卦在后代确实起了美学的指导作用的证明。

六、《易经》的美学（二）离卦

☲离 离卦和中国古代工艺美术、建筑艺术都有联系，同时也表明了古代艺术和生产劳动之间的联系。我们分四点对离卦的美学作一简单说明：

（一）离者丽也。古人认为附丽在一个器具上的东西是美的。离，既有相遇的意思，又有相脱离的意思，这正是一种装饰的美。这可以见到离卦的美是同古代工艺美术相联系的。工艺美术就是器。器是人类的创造，如马克思所指出的，它包含了人类的本质力量，是一本打开了的人类的心理学。所以器具的雕饰能够引起美感。附丽和美丽的统一，这是离卦的一个意义。

（二）离也者，明也。"明"古字，一边是月，一边是窗。月亮照到窗子上，是为明。这是富有诗意的创造。而离卦本身形状雕空透明，也同窗子有关。这说明离卦的美学和古代建筑艺术思想有关。人与外界既有隔又有通，这是中国古代建筑艺术的基本思想。有隔有通，这就依赖着雕空的窗门。这就是离卦包含的又一个意义。有隔有通，也就是实中有虚。这不同于埃及金字塔及希腊神庙等的团块造型。中国人要求明亮，要求与外面广大世界相交通，如山西晋祠，一座大殿完全是透空的。《汉书》记载武帝建元元年有学者名公玉带[1]，上

---

[1] 此处应为"公玉（sù）带"。——编者注

黄帝时明堂图，谓明堂中有四殿，四面无壁，水环宫垣，古语"堂厦"。"厦"即四面无墙的房子。这说明离卦的美学乃是虚实相生的美学，乃是内外通透的美学。

（三）丽者并也。丽加人旁，成俪，即并偶的意思。即两个鹿并排在山中跑。这是美的景象。在艺术中，如六朝骈俪文，如园林建筑里的对联，如京剧舞台上的形象的对比、色彩的对称等，都是骈俪之美。这说明离卦又包含有对偶、对称、对比等对立因素可以引起美感的思想。

（四）《易系辞下传》："作结绳而为网罟，以佃以渔，盖取诸离。"这是一种唯心主义的颠倒。我们把它倒转过来，就可以看出，古人关于离卦的思想，同生产工具的网有关。网，能使万物附丽在网上（网，古人觉得是美的，古代陶器上常以网纹为装饰），同时据此发挥了离卦以附丽为美的思想，以通透如网孔为美的思想。妇人用面网，也同时有作为美饰的意思。

《易经》中的咸卦䷞也同美学有关。限于篇幅，我们不作介绍了。

在这个题目结束的时候，我们介绍两篇文章，以说明先秦文学艺术和美学思想所以能够发达的社会政治背景。一篇是章学诚《文史通义·诗教》（上、下），他指出当时文学的发达同纵横家在当时政治斗争中的活动有关；一篇是刘师培《论文杂记》，他指出春秋战国文学的发达同当时统治阶级中"行人之官"（外交使节）的活动有关。复杂的政治斗争丰富了他们

仰韶文化网纹陶碗

的经验,增加了他们的见识,锻炼了他们的才能,因此他们能写出那样好的文章诗赋。这两篇文章的分析不能说完全周到,但是可以供我们参考。

美学的散步

小言

　　散步是自由自在、无拘无束的行动，它的弱点是没有计划，没有系统。看重逻辑统一性的人会轻视它，讨厌它，但是西方建立逻辑学的大师亚里士多德的学派却唤做"散步学派"，可见散步和逻辑并不是绝对不相容的。中国古代一位影响不小的哲学家——庄子，他好像整天是在山野里散步，观看着鹏鸟、小虫、蝴蝶、游鱼，又在人间世里凝视一些奇形怪状的人：驼背、跛脚、四肢不全、心灵不正常的人，很像意大利文艺复兴时大天才达·芬奇在米兰街头散步时速写下来的一些"戏画"，现在竟成为"画院的奇葩"。庄子文章里所写的那些奇特人物大概就是后来唐、宋画家画罗汉时心目中的范本。

　　散步的时候可以偶尔在路旁折到一枝鲜花，也可以在路上拾起别人弃之不顾而自己感到兴趣的燕石。

　　无论鲜花或燕石，不必珍视，也不必丢掉，放在桌上可以做散步后的回念。

诗（文学）和画的分界

苏东坡论唐朝大诗人兼画家王维（摩诘）的《蓝田烟雨图》说："味摩诘之诗，诗中有画；观摩诘之画，画中有诗。诗曰：'蓝溪白石出，玉山红叶稀。山路元无雨，空翠湿人衣。'此摩诘之诗也。或曰：'非也，好事者以补摩诘之遗。'"

以上是东坡的话，所引的那首诗，不论它是不是好事者所补，把它放到王维和裴迪所唱和的辋川绝句里去是可以乱真的。这确是一首"诗中有画"的诗。"蓝溪白石出，玉山红叶稀"，可以画出来成为一幅清奇冷艳的画，但是"山路元无雨，空翠湿人衣"二句，却是不能在画面上直接画出来的。假使刻舟求剑似的画出一个人穿了一件湿衣服，即使不难看，也不能把这种意味和感觉像这两句诗那样完全传达出来。好画家可以设法暗示这种意味和感觉，却不能直接画出来，这位补诗的人也正是从王维这幅画里体会到这种意味和感觉，所以用"山路元无雨，空翠湿人衣"这两句诗来补足它。这幅画上可能并不曾画有人物，那会更好的暗示这感觉和意味。而另一位诗人可能体会不同而写出别的诗句来。画和诗毕竟是两回事。诗中可以有画，像头两句里所写的，但诗不全是画。而那不能直接画出来的后两句恰正是"诗中之诗"，正是构成这首诗是诗而不是画的精要部分。

然而那幅画里若不能暗示或启发人写出这诗句来，它可能是一张很好的写实照片，却又不能成为真正的艺术品——画，更不是大诗画家王维的画了。这"诗"和"画"的微妙的辩证关系不是值得我们深思探索的吗？

宋朝文人晁以道有诗云："画写物外形，要物形不改。诗传画外意，贵有画中态。"这也是论诗画的离合异同。画外意，待诗来传，才能圆满，诗里具有画所写的形态，才能形象化、具体化，不至于太抽象。

但是王安石《明妃曲》诗云："意态由来画不成，当时枉杀毛延寿。"他是个喜欢做翻案文章的人，然而他的话是有道理的。美人的意态确是难画出的，东施以活人来效颦西施尚且失败，何况是画家调脂弄粉。那画不出的"巧笑倩兮，美目盼兮"，古代诗人随手拈来的这两句诗，却使孔子以前的中国美人如同在我们眼面前。达·芬奇用了四年工夫画出蒙娜莉萨的美目巧笑，在该画初完成时，当也能给予我们同样新鲜生动的感受。现在我却觉得我们古人这两句诗仍是千古如新，而油画受了时间的侵蚀，后人的补修，已只能令人在想象里追寻旧影了。我曾经坐在原画前默默领略了一小时，口里念着我们古人的诗句，觉得诗启发了画中意态，画给予诗以具体形象，诗画交辉，意境丰满，各不相下，各有千秋。

达·芬奇在这画像里突破了画和诗的界限，使画成了诗。谜样的微笑，勾引起后来无数诗人心魂震荡，感觉这双妙目巧笑，深远如海，味之不尽，天才真是无所不可。但是画和诗

古希腊 《拉奥孔》

的分界仍是不能泯灭的，也是不应该泯灭的，各有各的特殊表现力和表现领域。探索这微妙的分界，正是近代美学开创时为自己提出了的任务。

十八世纪德国思想家莱辛开始提出这个问题，发表他的美学名著《拉奥孔》或称《论画和诗的分界》。但《拉奥孔》却是主要地分析着希腊晚期一座雕像群，拿它代替了对画的分析，雕像同画同是空间里的造型艺术，本可相通。而莱辛所说的诗也是指的戏剧和史诗，这是我们要记住的。因为我们谈到诗往往是偏重抒情诗。固然这也是相通的，同是属于在时间里表现其境界与行动的文学。

拉奥孔（Laokoon）是希腊古代传说里特罗亚城一个祭师，他对他的人民警告了希腊军用木马偷运兵士进城的诡计，因而触怒了袒护希腊人的阿波罗神。当他在海滨祭祀时，他和他的两个儿子被两条从海边游来的大蛇捆绕着他们三人的身躯，拉奥孔被蛇咬着，环视两子正在垂死挣扎，他的精神和肉体都陷入莫大的悲愤痛苦之中。拉丁诗人维琪尔曾在史诗中咏述此景，说拉奥孔痛极狂吼，声震数里，但是发掘出来的希腊晚期雕像群著名的拉奥孔（现存罗马梵蒂冈博物院），却表现着拉奥孔嘴仅微微启开呻吟着，并不是狂吼，全部雕像给人的印象是在极大的悲剧的苦痛里保持着镇定、静穆。德国的古代艺术史学者温克尔曼对这雕像群写了一段影响深远的描述，影响着歌德及德国许多古典作家和美学家，掀起了纷纷的讨论。现在我先将他这段描写介绍出来，然后再谈莱辛由此所发挥的画和诗的分界。

温克尔曼（Winckelmann，1717—1768）在他的早期著作《关于在绘画和雕刻艺术里模仿希腊作品的一些意见》里曾有下列一段论希腊雕刻的名句：

希腊杰作的一般主要的特征是一种高贵的单纯和

一种静穆的伟大，既在姿态上，也在表情里。

就像海的深处永远停留在静寂里，不管它的表面多么狂涛汹涌，在希腊人的造像里那表情展示一个伟大的沉静的灵魂，尽管是处在一切激情里面。

在极端强烈的痛苦里，这种心灵描绘在拉奥孔的脸上，并且不单在脸上。在一切肌肉和筋络所展现的痛苦，不用向脸上和其它部分去看，仅仅看到那因痛苦而向内里收缩着的下半身，我们几乎会在自己身上感觉着。然而这痛苦，我说，并不曾在脸上和姿态上用愤激表示出来。他没有像维琪尔在他拉奥孔（诗）里所歌咏的那样喊出可怕的悲吼，因嘴的孔穴不允许这样做（白华按：这是指雕像的脸上张开了大嘴，显示一个黑洞，很难看，破坏了美），这里只是一声畏怯的敛住气的叹息，像沙多勒所描写的。

身体的痛苦和心灵的伟大是经由形体全部结构用同等的强度分布着，并且平衡着。拉奥孔忍受着，像索福克勒斯（Sophokles）的菲诺克太特（Philoctet）：他的困苦感动到我们的深心里，但是我们愿望也能够像这个伟大人格那样忍耐困苦。一个这样伟大心灵的表情远远超越了美丽自然的构造物。艺术家必须先在自己内心里感觉到他要印入他的大理石里的那精神的强度。希腊具有集合艺术家与圣哲于一身的人物，并且不止一个梅特罗多。智慧伸手给艺术而将超俗的心灵吹进艺术的形象。

莱辛认为温克尔曼所指出的拉奥孔脸上并没有表示人所期待的那样强烈苦痛的疯狂表情，是正确的。但是温克尔曼把理由放在希腊人的智慧克制着内心感情的过分表现上，这是他所不能同意的。

肉体遭受剧烈痛苦时大声喊叫以减轻痛苦，是合乎人情的，也是很自然的现象。希腊人的史诗里毫不讳言神们的这种人情味。维纳斯（美丽的爱神）玉体被刺痛时，不禁狂叫，没有时间照顾到脸相的难看了。荷马史诗里战士受伤倒地时常常大声叫痛。照他们的事业和行动来看，他们是超凡的英雄；照他们的感觉情绪来看，他们仍是真实的人。所以拉奥孔在希腊雕像上那样微呻不是由于希腊人的品德如此，而应当到各种艺术的材料的不同，表现可能性的不同和它们的限制去找它的理由。莱辛在他的《拉奥孔》里说：

> 有一些激情和某种程度的激情，它们经由极丑的变形表现出来，以至于将身体陷入那样勉强的姿态里，使他的在静息状态里具有的一切美丽线条都丧失掉了。因此古代艺术家完全避免这个，或是把它的程度降低下来，使它能够保持某种程度的美。

把这思想运用到拉奥孔上，我所追寻的原因就显露出来了。那位巨匠是在所假定的肉体的巨大痛苦情况下企图实现最高的美。在那丑化着一切的强烈情感里，这痛苦是不能和美相结合的。巨匠必须把痛苦降低些；他必须把狂吼软化为叹息；并不是因为狂吼暗示着一个不高贵的灵魂，而是因为它把脸相在一难堪的样式里丑化了。人们只要设想拉奥孔的嘴大大张开着而评判一下。人们让他狂吼着再看看……

莱辛的意思是：并不是道德上的考虑使拉奥孔不像在史诗里这样痛极大吼，而是雕刻的物质的表现条件在直接观照里显得不美（在史诗里无此情况），因而雕刻家（画家也一样）须将表现的内容改动一下，以配合造型艺术由于物质表现方式所规定的条件。这是各种艺术的特殊的内在规律，艺术家若不注意它，遵守它，就不能实现美，而美是艺术的特殊目的。若放弃了美，艺术可以供给知识，宣扬道德，服务于实际的某一目的，但不是艺术了。艺术须能表现人生的有价值的内容，这是无疑的。但艺术作为艺术而不是文化的其他部门，它就必须同时表现美，把生活内容提高、集中、精粹化，这是它的任务。根据这个任务各种艺术因物质条件不同就具有了各种不同的内在规律。拉奥孔在史诗里可以痛极大吼，声闻数里，而在雕像里却变成小口微呻了。

西班牙　格列柯《拉奥孔》

　　莱辛这个创造性的分析启发了以后艺术研究的深入，奠定艺术科学的方向，虽然他自己的研究仍是有局限性的。造型艺术和文学的界限并不如他所说的那样窄狭、严格，艺术天才往往突破规律而有所成就，开辟新领域、新境界。罗丹就曾创造了疯狂大吼、躯体扭曲，失了一切美的线纹的人物，而仍不失为艺术杰作，创造了一种新的美。但莱辛提出问题是好的，是需要进一步作科学的探讨的，这是构成美学的一个重要部分。所以近代美学家颇有用《新拉奥孔》标名他的著作的。

我现在翻译他的《拉奥孔》里一段具有代表性的文字，论诗里和造型艺术里的身体美，这段文字可以献给朋友在美学散步中做思考资料。莱辛说：

> 身体美是产生于一眼能够全面看到的各部分协调的结果。因此要求这些部分相互并列着，而这各部分相互并列着的事物正是绘画的对象。所以绘画能够，也只有它能够摹绘身体的美。
>
> 诗人只能将美的各要素相继地指说出来，所以他完全避免对身体的美作为美来描绘。他感觉到把这些要素相继地列数出来，不可能获得像它并列时那种效果，我们若想根据这相继地一一指说出来的要素而向它们立刻凝视，是不能给予我们一个统一的协调的图画的。要想构想这张嘴和这个鼻子和这双眼睛集在一起时会有怎样一个效果是超越了人的想象力的，除非人们能从自然里或艺术里回忆到这些部分组成的一个类似的结构（白华按：读"巧笑倩兮"……时不用做此笨事，不用设想是中国或西方美人而情态如见，诗意具足，画意也具足）。
>
> 在这里，荷马常常是模范中的模范。他只说，尼蕊斯是美的，阿奚里更美，海伦具有神仙似的美。但他从不陷落到这些美的周密的罗唆的描述。他的

全诗可以说是建筑在海伦的美上面的,一个近代的诗人将要怎样冗长地来叙说这美呀!

但是如果人们从诗里面把一切身体美的画面去掉,诗不会损失过多少?谁要把这个从诗里去掉?当人们不愿意它追随一个姊妹艺术的脚步来达到这些画面时,难道就关闭了一切别的道路了吗?正是这位荷马,他这样故意避免一切片断地描绘身体美的,以至于我们在翻阅时很不容易地有一次获悉海伦具有雪白的臂膀和金色的头发(《伊利亚特》Ⅳ,第319行),正是这位诗人,他仍然懂得使我们对她的美获得一个概念,而这一美的概念是远远超过了艺术在这企图中所能到达的。人们试回忆诗中那一段,当海伦到特罗亚人民的长老集会面前,那些尊贵的长老们瞥见她时,一个对一个耳边说:

"怪不得特罗亚人和坚胫甲阿开人为了这个女人这么久忍受着苦难呢,她看来活像一个青春常驻的女神。"

还有什么能给我们一个比这更生动的美的概念,当这些冷静的长老也承认她的美是值得这一场流了这许多血,洒了那么多泪的战争的呢?

凡是荷马不能按照着各部分来描绘的,他让我们在它的影响里来认识。诗人呀,画出那"美"所激起的满意、倾倒、爱、喜悦,你就把美自身画出来了。谁能构想莎弗所爱的那个对方是丑陋的,当莎弗承认她瞥见他时丧魂失魄。谁不相信是看到了美的完满的形体,当他对于这个形体所激起的情感产生了同情。

文学追赶艺术描绘身体美的另一条路,就是这样:它把"美"转化做魅惑力。魅惑力就是美在"流动"之中。因此它对于画家不像对于诗人那么便当。画家只能叫人猜到"动",事实上他的形象是不动的。因此在它那里魅惑力会变成了做鬼脸。但是在文学里魅惑力是魅惑力,它是流动的美,它来来去去,我们盼望能再度地看到它。又因为我们一般地能够较为容易地生动地回忆"动作",超过单纯的形式或色彩,所以魅惑力较之"美"在同等的比例中对我们的作用要更强烈些。

甚至于安拉克耐翁(希腊抒情诗人),宁愿无礼貌地请画家无所作为。假使他不拿魅惑力来赋予他的女郎的画像,使她生动。"在她的香腮上一个酒窝,绕着她的玉颈一切的爱娇浮荡着"(《颂歌》第二十八)。他命令艺术家让无限的爱娇环绕着她的温柔的腮,云石般的颈项!照这话的严格的字义,这怎样办呢?这是绘画所不能做到的。画家能够给予腮巴最艳丽的肉色，但此外他就不能再有所作为了。这美丽颈项的转折，肌肉的波动，那俊俏酒窝因之时隐时现，这类真正的魅惑力是超出了画家能力的范围了。诗人（指安拉克耐翁）是说出了他的艺术是怎样才能够把"美"对我们来形象化感性化的最高点，以便让画家能在他的艺术里寻找这个最高的表现。

这是对我以前所阐述的话一个新的例证，这就是说，诗人即使在谈论到艺术作品时，仍然是不受束缚于把他的描写保守在艺术的限制以内的。（白华按：这话是指诗人要求画家能打破画的艺术的限制，表出诗的境界来。但照莱辛的看法，这界限仍是存在的。）

莱辛对诗（文学）和画（造型艺术）的深入的分析，指出它们的各自的局限性，各自的特殊的表现规律，开创了对于艺术形式的研究。

诗中有画，而不全是画，画中有诗，而不全是诗。诗画各有表现的可能性范围，一般地说来，这是正确的。

但中国古代抒情诗里有不少是纯粹的写景，描绘一个客观境界，不写出主体的行动，甚至于不直接说出主观的情感，像王国维在《人间词话》里所说的"无我之境"，但却充满了诗的气氛和情调。我随便拈一个例证并稍加分析。

唐朝诗人王昌龄一首题为《初日》的诗云：

初日净金闺，
先照床前暖。
斜光入罗幕，
稍稍亲丝管。
云发不能梳，
杨花更吹满。

这诗里的境界很像一幅近代印象派大师的画，画里现出一座晨光射入的香闺，日光在这幅画里是活跃的主角，它从窗门跳进来，跑到闺女的床前，散发着一股温暖，接着穿进了罗帐，轻轻抚摩一下榻上的乐器——闺女所吹弄的琴瑟箫笙——枕上的如云的美发还散开着，杨花随着晨风春日偷进了闺房，亲昵地躲上那枕边的美发上。诗里并没有直接描绘这金闺少女（除非云发二字暗示着），然而一切的美是归于这看不见的少女的。这是多么艳丽的一幅油画呀！

王昌龄这首诗，使我想起德国近代大画家门采尔的一幅油画（门采尔的素描1956年曾在北京展览过），那画上也是灿烂的晨光从窗门撞进了一间卧室，乳白的光辉漫漫在长垂的纱幕上，随着落上地板，又返跳进入穿衣镜，又从镜里跳出来，抚摸着椅背，我们感到晨风清凉，朝日温煦。室里的主人是在画面上看不见的，她可能是在屋角的床上坐着。（这晨风沁人，怎能还睡？）

德国 门采尔《有阳台的房间》

太阳的光，

洗着她早起的灵魂，

天边的月，

犹似她昨夜的残梦。

(《流云小诗》)

门采尔这幅画全是诗，也全是画，王昌龄那首诗全是画，也全是诗。诗和画里都是演着光的独幕剧,歌唱着光的抒情曲。这诗和画的统一不是和莱辛所辛苦分析的诗画分界相抵触吗?

我觉得不是抵触而是补充了它,扩张了它们相互的蕴涵。画里本可以有诗(苏东坡语),但是若把画里每一根线条,每一块色彩,每一条光,每一个形都饱吸着浓情蜜意,它就成为画家的抒情作品,像伦勃朗的油画,中国元人的山水。

诗也可以完全写景,写"无我之境"。而每句每字却反映出自己对物的抚摩,和物的对话,表出对物的热爱,像王昌龄的《初日》那样,那纯粹的景就成了纯粹的情,就是诗。

但画和诗仍是有区别的。诗里所咏的光的先后活跃,不能在画面上同时表出来,画家只能捉住意义最丰满的一刹那,暗示那活动的前因后果,在画面的空间里引进时间感觉。而诗像《初日》里虽然境界华美,却赶不上门采尔油画上那样光彩耀目,直射眼帘。然而由于诗叙写了光的活跃的先后曲折的历程,更能丰富着和加深着情绪的感受。

诗和画各有它的具体的物质条件,局限着它的表现力和表现范围,不能相代,也不必相代。但各自又可以把对方尽量吸进自己的艺术形式里来。诗和画的圆满结合(诗不压倒画,画也不压倒诗,而是相互交流交浸),就是情和景的圆满结合,也就是所谓"艺术意境"。我在十几年前曾写了一篇《中国艺术意境之诞生》,对中国诗和画的意境做了初步的探索,可以供散步的朋友们参考,现在不再细说了。